JN187063

リーマン
の
生きる
数学

黒川 信重 編

リーマンと数論

黒川 信重 著

1

共立出版

シリーズ刊行にあたって

大数学者リーマンの影響力の偉大さは，歿後 150 年の現在，一層輝きを増して感じられる．リーマンは 1826 年 9 月 17 日にドイツに生まれ，1866 年 7 月 20 日にイタリア北部のマジョーレ湖畔にて 39 歳という若さで生を終えた．

リーマンが，その短い一生の間に，解析学・幾何学・数論という多方面にわたって不朽の画期的成果を挙げて，数学を一新させたことは，今更ながら驚きに堪えない．もちろん，その時間的制約から，リーマンにはやり残したことも多いはずであり，リーマン予想はその代表的な例であろう．さらに，リーマンは人見知りの激しい極端に控えめな性格の持ち主であり，5 歳年少の友人デデキントとの深い信頼関係によって何とか日々の生活を送っていた，という意外な面もある．ちなみに，デデキントはリーマン歿後，『リーマン全集』のまとめ役をつとめ，そこに最初の「リーマン伝」を書き下ろしている．

リーマンの数学的遺産の大きさの明証としては，「リーマン積分」，「リーマン面」，「リーマン多様体」，「リーマン計量」，「リーマン予想」というように，リーマンの名前が現代数学の至る所で日常的に使われていることをあげることができる．まさに，リーマンなしには数学はできない，というのが現代数学者の共通認識である．付記すれば，現在に至るまで，後世の人々がリーマンの真意を汲み尽くせていない可能性も大である．リーマンが歿後 150 年を機によみがえって現代数学を見たなら，どのような感想を抱くだろうか，興味深いところである．

本シリーズは，リーマン歿後 150 年の現在からリーマンの数学およびその後への影響を振り返るのが趣旨であり，

『リーマンと数論』

『リーマンと解析学』

『リーマンと幾何学』

『リーマンの数学と思想』

という4巻からなる．執筆者には，これまでのリーマンの固定観念にはとらわれず，自由に書いて頂いている．リーマンの仕事，リーマンのやろうとしたこと，リーマンが夢見たこと，リーマンの影響，リーマン後の発展，リーマンの未来へのメッセージなど，重点の置き方も各様である．

本シリーズによって，数学の悠久の流れにおけるリーマンの位置を認識し，リーマンの求めんとしたところを訪ねる人々が続くことを念願する．

リーマン歿後150年の2016年に，ちょうど創立90周年を迎える共立出版から本シリーズが刊行されることは喜びに堪えない．

2016年10月　　　　編者　黒川信重（東京工業大学教授）

はじめに

今年2016年は，リーマン（1826-1866）が亡くなって150年となる．本書では，リーマンと数論のかかわりを述べる．数論に関してリーマンの書いた論文はゼータ関数論の一編のみであるが，それは1859年のリーマン予想を提出した論文であり，数学世界に与えた影響の大きさは万巻の数学書に価すると言える．

本書は，

　第Ⅰ部（第1章，第2章，第3章）「簡単なゼータ関数」

　第Ⅱ部（第4章，第5章，第6章）「リーマンと先達」

　第Ⅲ部（第7章，第8章，第9章）「リーマンの影響」

という三部から成る．

第Ⅰ部では，まず，ゼータ関数とはどんなものかを簡単な場合に体験していただく．単純なものではあるが，関数等式もリーマン予想も証明される．それらは本来のリーマン予想の解決にも重要となるであろう．そのような未来を考慮した結果，ここに取り上げるゼータ関数は通常の入門コースとは全く違ったものとなった．

第Ⅱ部は，リーマンの数論研究およびリーマンに至る数学の流れについて解説する．リーマンの画期的なところは，ゼータ関数を複素関数論から扱ったところにある．その結果，ゼータ関数の複素零点が素数分布と深く関係していることを発見したのであり，リーマン予想にも至ったのである．

第Ⅲ部では，リーマンのゼータ関数論の19世紀，20世紀，21世紀における影響を述べる．とくに，リーマン予想の証明されている二大ゼータ関数族である「セルバーグゼータ関数」と「合同ゼータ関数」について解説する．前者は，リーマン面やリーマン多様体のゼータ関数であり，20世紀中頃にセルバーグが発見した．まさに，リーマンの研究していた空間に関するゼータ関数である．しかも，リーマン予想の成立まで確認できることは，リーマンの「空間論・多様体論」と「ゼータ関数論・リーマン予想論」という二つの研究が百年後に合流したものとして感銘深い．後者は，有限体上の代数多様体やスキームのゼータ関数であり，20 世紀にグロタンディークが中心となって膨大な研究が行われた．これは，リーマンが示唆していた「離散多様体」のゼータ関数と見ることができるであろう．実は，前者のセルバーグゼータ関数においても「離散版」を考えることができて，それはグラフのゼータ関数などとなる．

このような，ゼータ関数論の多方面にわたる発展は，リーマン予想を中心とするリーマンの研究から流れてきたものである．

幸いなことに，本来のリーマン予想は，1859 年に提出されて以来 157 年になる現在まで未解決である．21 世紀においても導きの糸になることを期待したい．

2016 年 10 月 20 日　　　　黒川信重

目　　次

第 I 部　簡単なゼータ関数

第 II 部　リーマンと先達

第 III 部 リーマンの影響

第 I 部
簡単なゼータ関数

リーマンと数論という本書のテーマの中心はゼータ関数である．ゼータ関数は，一般に難しい．それは，1859年にリーマンが提出したゼータ関数の零点に関する「リーマン予想」が150年以上経った現在でも未解決の数学最大の問題となっていることからもわかる．

そこまで行かなくても，ゼータ関数における問題は，まずは解析接続である．リーマンゼータ関数

$$\zeta(s) = \prod_{p:\text{素数}} (1-p^{-s})^{-1} = \sum_{n=1}^{\infty} n^{-s}$$

の場合には1859年のリーマンの論文にて与えられたのであった．それは第II部で見る通り，積分表示によって，すべての複素数sへの解析接続が証明されていた．しかし，それではリーマン予想まで到着できなかったというのが現状である．

20世紀に，リーマン予想まで行きついた2種類のゼータ関数——セルバーグゼータ関数と合同ゼータ関数——があったが，どちらも行列式表示による解析接続が与えられていることが鍵であった．

第I部では，有限リーマンゼータ関数や行列のゼータ関数など，解析接続における問題が行列式表示を含めて簡単な場合を扱って，ゼータ関数に親しむ練習としたい．これらは，簡単ではあるが，関数等式もリーマン予想も成立していて，ゼータ関数論の本質に触れるものである．

読者の中にリーマン予想を本当に解こうと思っている人がいるならば，本書第I部だけを読んでリーマン予想に挑戦するのも手である．第II部・第III部にはリーマン予想への人類の戦いの跡がヒントとして記されているのであるが，解答を見る前に問題を自力で解くのは力をつけるには必須なことである．

Georg Friedrich Bernhard Riemann

第1章
有限ゼータ関数

リーマンゼータ関数は

$$\zeta(s)=\sum_{n=1}^{\infty}n^{-s}$$

という無限和で定義される．そこでは，複素数 s の実部 $\mathrm{Re}(s)$ に関して，はじめは，$\mathrm{Re}(s)>1$ という条件が必要となる．すると，絶対収束していることから，オイラー積表示

$$\zeta(s)=\prod_{p:\text{素数}}(1-p^{-s})^{-1}$$

や解析性がわかる．その後に，$\mathrm{Re}(s)\leqq 1$ への解析接続をするという話になる．それについては第II部（第6章）にて説明することにして，本章では有限ゼータ関数

$$Z(s)=\sum_{n|N}a(n)n^{-s}$$

の中の2種類，

$$\zeta_N(s)=\sum_{n|N}n^{-s}$$

という有限リーマンゼータ関数および

$$\zeta_N^{\mu}(s) = \sum_{n|N} \mu(n) n^{-s}$$

という有限メビウスゼータ関数を扱う．ただし，$N \geqq 1$ は自然数であり，$n|N$ は n が N の約数をわたることを意味している．また，$\mu(n)$ は

$$\mu(n) = \begin{cases} +1 & \cdots \quad n \text{ は相異なる偶数個の素数の積または } 1, \\ -1 & \cdots \quad n \text{ は相異なる奇数個の素数の積}, \\ 0 & \cdots \quad \text{その他} \end{cases}$$

と決まるメビウス関数である．

$\zeta_N(s)$ と $\zeta_N^{\mu}(s)$ に対しては関数等式「$s \leftrightarrow -s$」とリーマン予想の類似「零点はすべて $\mathrm{Re}(s) = 0$ 上」の証明を与える．

なお，重大な注意として，“有限ゼータ関数” としては，つい

$$\begin{cases} \displaystyle\sum_{n=1}^{N} a(n) n^{-s}, \\ \displaystyle\sum_{n=1}^{N} n^{-s}, \\ \displaystyle\sum_{n=1}^{N} \mu(n) n^{-s} \end{cases}$$

などを考えがちである（少なくとも人類は）が，これらはうまくない．たとえば，一般に，関数等式もリーマン予想の類似も不成立である．良いゼータ関数とは乗法的なものなのだと理解しておけば間違いない．

1.1　有限リーマンゼータ関数

自然数 $N \geqq 1$ に対して，有限リーマンゼータ関数を

$$\zeta_N(s) = \sum_{n|N} n^{-s}$$

と定める．形式的に“$N=\infty$”としたものがリーマンゼータ関数

$$\zeta(s)=\sum_{n=1}^{\infty}n^{-s}$$

である．

ゼータ関数は見ているだけでなく，自分で書くことが何より大切である．何日も何年も書いているうちにわかってくるものである．有限リーマンゼータ関数を $N \leqq 20$ に対して書いてみよう：

$$\begin{aligned}
\zeta_1(s)&=1,\\
\zeta_2(s)&=1+2^{-s},\\
\zeta_3(s)&=1+3^{-s},\\
\zeta_4(s)&=1+2^{-s}+4^{-s},\\
\zeta_5(s)&=1+5^{-s},\\
\zeta_6(s)&=1+2^{-s}+3^{-s}+6^{-s}=\zeta_2(s)\zeta_3(s),\\
\zeta_7(s)&=1+7^{-s},\\
\zeta_8(s)&=1+2^{-s}+4^{-s}+8^{-s},\\
\zeta_9(s)&=1+3^{-s}+9^{-s},\\
\zeta_{10}(s)&=1+2^{-s}+5^{-s}+10^{-s}=\zeta_2(s)\zeta_5(s),\\
\zeta_{11}(s)&=1+11^{-s},\\
\zeta_{12}(s)&=1+2^{-s}+3^{-s}+4^{-s}+6^{-s}+12^{-s}=\zeta_3(s)\zeta_4(s),\\
\zeta_{13}(s)&=1+13^{-s},\\
\zeta_{14}(s)&=1+2^{-s}+7^{-s}+14^{-s}=\zeta_2(s)\zeta_7(s),\\
\zeta_{15}(s)&=1+3^{-s}+5^{-s}+15^{-s}=\zeta_3(s)\zeta_5(s),\\
\zeta_{16}(s)&=1+2^{-s}+4^{-s}+8^{-s}+16^{-s},\\
\zeta_{17}(s)&=1+17^{-s},\\
\zeta_{18}(s)&=1+2^{-s}+3^{-s}+6^{-s}+9^{-s}+18^{-s}=\zeta_2(s)\zeta_9(s),
\end{aligned}$$

$\zeta_{19}(s) = 1 + 19^{-s}$,

$\zeta_{20}(s) = 1 + 2^{-s} + 4^{-s} + 5^{-s} + 10^{-s} + 20^{-s} = \zeta_4(s)\zeta_5(s)$.

有限リーマンゼータ関数の基本的な性質は次の通りである．

定理 1.1 $\zeta_N(s)$ は次の性質をみたす．

(1)［関数等式］

$$\zeta_N(-s) = N^s \zeta_N(s).$$

(2)［オイラー積表示］

$$\zeta_N(s) = \prod_{\substack{p|N \\ p \text{ は素数}}} \left(\sum_{k=0}^{\mathrm{ord}_p(N)} p^{-ks} \right) = \prod_{\substack{p|N \\ p \text{ は素数}}} \frac{1 - p^{-(\mathrm{ord}_p(N)+1)s}}{1 - p^{-s}}.$$

ここで，N の素因数分解は

$$N = \prod_{\substack{p|N \\ p \text{ は素数}}} p^{\mathrm{ord}_p(N)}$$

とする．

(3)［リーマン予想］

$$\zeta_N(s) = 0 \quad \text{ならば} \quad \mathrm{Re}(s) = 0.$$

(4)［素数べきへの分解］

$$\zeta_N(s) = \prod_{\substack{p|N \\ p \text{ は素数}}} \zeta_{p^{\mathrm{ord}_p(N)}}(s).$$

(5)［乗法分解］

M と N が共通素因子をもたないとき（「互いに素」と言い，$(M, N) = 1$

と書く),

$$\zeta_{MN}(s) = \zeta_M(s)\zeta_N(s).$$

(6) [完全数の特徴付け]

$$\zeta_N(1) = 2 \quad \Longleftrightarrow \quad N \text{ は完全数}.$$

[証明]

(1)
$$\zeta_N(s) = \sum_{n|N} n^{-s}$$

より

$$\zeta_N(-s) = \sum_{n|N} n^{s}$$

となるので, n を $\frac{N}{n}$ によって置きかえると

$$\begin{aligned}\zeta_N(-s) &= \sum_{n|N} \left(\frac{N}{n}\right)^s \\ &= N^s \sum_{n|N} n^{-s} \\ &= N^s \zeta_N(s)\end{aligned}$$

となる.

(2) まず, $n|N$ となる n を素因数分解すると

$$\zeta_N(s) = \prod_{p|N} \left(\sum_{k=0}^{\mathrm{ord}_p(N)} p^{-ks} \right)$$

となることがわかる (以下, 断わらない限り p は素数を表すものとする). たとえば,

$$\zeta_6(s) = (1+2^{-s})(1+3^{-s}),$$
$$\zeta_{10}(s) = (1+2^{-s})(1+5^{-s}),$$
$$\zeta_{12}(s) = (1+2^{-s}+4^{-s})(1+3^{-s}),$$
$$\zeta_{105}(s) = (1+3^{-s})(1+5^{-s})(1+7^{-s})$$

となる．

そこで，等比数列の和の公式

$$\sum_{k=0}^{K} x^k = \frac{1-x^{K+1}}{1-x} \quad (x \neq 1)$$

を用いると

$$\zeta_N(s) = \prod_{p|N} \frac{1-p^{-(\mathrm{ord}_p(N)+1)s}}{1-p^{-s}}$$

となる．なお，この表示において，因子の分母が 0，つまり，$p^{-s}=1$ となる

$$s = \frac{2\pi\sqrt{-1}\,m}{\log p} \quad (m = 0, \pm 1, \ldots)$$

は見た目には極になっているが，それはあくまで見た目だけであり，実際，

$$\left.\frac{1-p^{-(\mathrm{ord}_p(N)+1)s}}{1-p^{-s}}\right|_{s=\frac{2\pi\sqrt{-1}\,m}{\log p}} = \mathrm{ord}_p(N)+1$$

は有限値である．

(3)　$\zeta_N(s)=0$ ならば (2) のオイラー積表示より，ある $p|N$ に対して

$$1-p^{-(\mathrm{ord}_p(N)+1)s} = 0$$

となる．つまり，

$$s = \frac{2\pi\sqrt{-1}\,m}{(\mathrm{ord}_p(N)+1)\log p} \quad (m = 0, \pm 1, \ldots)$$

となる．とくに，$\mathrm{Re}(s)=0$ とわかる．なお，(2) で注意した通り

$$s = \frac{2\pi\sqrt{-1}\,m}{\log p} \quad (m = 0, \pm 1, \ldots)$$

のときは零点ではなく，$\zeta_N(s)$ の零点は $\mathrm{ord}_p(N)+1$ の倍数ではない整数 m に対しての

$$s = \frac{2\pi\sqrt{-1}\,m}{(\mathrm{ord}_p(N)+1)\log p}$$

である．

(4)　オイラー積表示

$$\zeta_N(s) = \prod_{p|N} \frac{1-p^{-(\mathrm{ord}_p(N)+1)s}}{1-p^{-s}}$$

において

$$\zeta_{p^{\mathrm{ord}_p(N)}}(s) = \frac{1-p^{-(\mathrm{ord}_p(N)+1)s}}{1-p^{-s}}$$

であることを用いればよい．

(5)
$$\zeta_{MN}(s) = \prod_{p|(MN)} \zeta_{p^{\mathrm{ord}_p(MN)}}(s)$$

であるが，M と N には共通素因子がないので

$$\begin{aligned}\zeta_{MN}(s) &= \left(\prod_{p|M} \zeta_{p^{\mathrm{ord}_p(M)}}(s)\right)\left(\prod_{p|N} \zeta_{p^{\mathrm{ord}_p(N)}}(s)\right) \\ &= \zeta_M(s)\zeta_N(s)\end{aligned}$$

となる．

(6)　N が完全数とは

$$\sum_{n|N} n = 2N$$

となることであり，これは

$$\zeta_N(-1) = 2N$$

と同じことである．したがって，関数等式を用いて

$$\zeta_N(1) = 2$$

と書きかえることができる．

［証明終］

完全数について補充しておこう．偶完全数 N は

$$N = 2^{p-1}(2^p - 1)$$

と書けることが知られている（ユークリッド，オイラー）．ここで，p は $M = 2^p - 1$ が素数となる素数である．このときの M はメルセンヌ素数と呼ばれている．2016年1月7日に発見されたものを含めてメルセンヌ素数は

$$\begin{aligned} p = {} & 2, 3, 5, 7, 13, 17, 19, 31, 61, 89, \\ & 107, 127, 521, 607, 1279, 2203, 2281, 3217, \\ & 4253, 4423, 9689, 9941, 11213, 19937, 21701, \\ & 23209, 44497, 86243, 110503, 132049, 216091, \\ & 756839, 859433, 1257787, 1398269, 2976221, \\ & 3021377, 6972593, 13466917, 20996011, 24036583, \\ & 25964951, 30402457, 32582657, 37156667, \\ & 42643801, 43112609, 57885161, 74207281 \end{aligned}$$

の場合の49個が発見されている．

したがって，偶完全数も

$$N = 6, 28, 496, \ldots, 2^{74207280}(2^{74207281} - 1)$$

という49個が発見されていることになる．対応するゼータ関数は

$$\zeta_6(s) = 1 + 2^{-s} + 3^{-s} + 6^{-s},$$
$$\zeta_{28}(s) = 1 + 2^{-s} + 4^{-s} + 7^{-s} + 14^{-s} + 28^{-s}$$

などであり，

$$\zeta_6(1) = 1 + \frac{1}{2} + \frac{1}{3} + \frac{1}{6} = 2,$$
$$\zeta_{28}(1) = 1 + \frac{1}{2} + \frac{1}{4} + \frac{1}{7} + \frac{1}{14} + \frac{1}{28} = 2$$

となっている．知られている最大の偶完全数 N の場合はゼータ関数は

$$\zeta_N(s) = (1-2^{-s})^{-1}\left(1 - \frac{1}{2^{74207281s}}\right)\left(1 + \frac{1}{(2^{74207281}-1)^s}\right)$$

である．もちろん

$$\zeta_N(1) = 2$$

となっている．

一般に偶完全数

$$N = 2^{p-1}(2^p - 1)$$

のゼータ関数は

$$\begin{aligned}\zeta_N(s) &= \zeta_{2^{p-1}}(s)\zeta_{2^p-1}(s)\\ &= (1-2^{-s})^{-1}\left(1 - \frac{1}{2^{ps}}\right)\left(1 + \frac{1}{(2^p-1)^s}\right)\end{aligned}$$

であり，確かに

$$\begin{aligned}\zeta_N(1) &= \left(2 - \frac{2}{2^p}\right)\left(1 + \frac{1}{2^p-1}\right)\\ &= \frac{2^{p+1}-2}{2^p} \cdot \frac{2^p}{2^p-1}\\ &= 2\end{aligned}$$

となる．

このように，偶完全数 N はメルセンヌ素数

$$M = 2^p - 1$$

に対して

$$\begin{aligned} N &= 2^{p-1} \cdot (2^p - 1) \\ &= \frac{M+1}{2} \cdot M \\ &= 1 + 2 + \cdots + M \end{aligned}$$

と求められる．メルセンヌ素数 M は無限個あると予想されているので，偶完全数 N も無限個存在すると期待される．ちなみに，メルセンヌ素数の分布は，$x \to \infty$ のとき

$$|\{M \leqq x \mid M \text{ はメルセンヌ素数}\}| \sim \frac{e^\gamma}{\log 2} \log\log x$$

と予想されている．ここで，$\gamma = 0.577\cdots$ はオイラー定数である．一方，奇完全数は一つも発見されていない．

有限リーマンゼータ関数 $\zeta_N(s)$ に関しては，

$$\zeta_N(0) = \sum_{n|N} 1 = d(N)$$

は N の約数の個数（とくに，$\zeta_N(0) = 2 \Leftrightarrow N$ は素数），

$$\zeta_N(-1) = \sum_{n|N} n = \sigma(N)$$

は N の約数の和という基本的な関数が特殊値として出てくる．その他に，ぜひ述べておきたいこととして，$\zeta(s)$ の本来のリーマン予想（$\zeta_N(s)$ ではなくて）を $\zeta_N(1)$ で書くことができるということがある：

$$\begin{aligned} &\zeta(s) \text{ のリーマン予想} \\ &\quad \Longleftrightarrow \zeta_N(1) < e^\gamma \log\log N \text{ がすべての} \\ &\qquad N > 5040 \text{ に対して成立}\quad\text{（ロビン，1984 年）.} \end{aligned}$$

次に，井草ゼータ関数との関連について触れておこう．井草ゼータ関数とは，井草準一（1924 年 1 月 30 日〜2013 年 11 月 24 日；米国ボルチモア市のジョンズホプキンス大学名誉教授，亡くなったのはボルチモア市．準は「準」と誤記されていることが多いので注意されたい）の考えたゼータ関数である．一般に，環 A に対して

$$\zeta_A^{\mathrm{Igusa}}(s)=\sum_{n=1}^{\infty}|\mathrm{Hom}(A,\mathbb{Z}/n\mathbb{Z})|\,n^{-s}$$

と定められる．ここで，Hom は A から $\mathbb{Z}/n\mathbb{Z}$ への環準同型全体を指している．

井草ゼータ関数は基本的なゼータ関数を含んでいる．たとえば，

$$\zeta_{\mathbb{Z}}^{\mathrm{Igusa}}(s)=\sum_{n=1}^{\infty}n^{-s}=\zeta(s)$$

はリーマンゼータ関数である．これは

$$|\mathrm{Hom}(\mathbb{Z},\mathbb{Z}/n\mathbb{Z})|=1 \quad (n=1,2,3,\ldots)$$

からわかる．さらに，我々の有限リーマンゼータ関数については

$$\zeta_{\mathbb{Z}/N\mathbb{Z}}^{\mathrm{Igusa}}(s)=\sum_{n|N}n^{-s}=\zeta_N(s)$$

となっている．こちらは

$$|\mathrm{Hom}(\mathbb{Z}/N\mathbb{Z},\mathbb{Z}/n\mathbb{Z})|=\begin{cases}1 & \cdots \quad n|N\\ 0 & \cdots \quad n\nmid N\end{cases}$$

からわかる．

井草ゼータ関数は興味深いゼータ関数であり，さまざまな研究が進んでいる．とくに，多様なゼータ関数が井草ゼータ関数として表されることが知られている．中には，自然境界をもつ井草ゼータ関数も存在する（黒川の結果）．

1.2　有限メビウスゼータ関数

有限ゼータ関数として，もう一つ

$$\zeta_N^\mu(s) = \sum_{n|N} \mu(n) n^{-s}$$

という有限メビウスゼータ関数を取り上げよう．これは，例を調べてみるとわかるように，$\zeta_N(s)$ と似ているが，それよりむしろ簡単に見える：

$$\begin{aligned}
\zeta_1^\mu(s) &= 1, \\
\zeta_2^\mu(s) &= 1 - 2^{-s}, \\
\zeta_3^\mu(s) &= 1 - 3^{-s}, \\
\zeta_4^\mu(s) &= 1 - 2^{-s} = \zeta_2^\mu(s), \\
\zeta_5^\mu(s) &= 1 - 5^{-s}, \\
\zeta_6^\mu(s) &= 1 - 2^{-s} - 3^{-s} + 6^{-s} = \zeta_2^\mu(s)\zeta_3^\mu(s), \\
\zeta_7^\mu(s) &= 1 - 7^{-s}, \\
\zeta_8^\mu(s) &= 1 - 2^{-s} = \zeta_2^\mu(s), \\
\zeta_9^\mu(s) &= 1 - 3^{-s} = \zeta_3^\mu(s), \\
\zeta_{10}^\mu(s) &= 1 - 2^{-s} - 5^{-s} + 10^{-s} = \zeta_2^\mu(s)\zeta_5^\mu(s).
\end{aligned}$$

ただし，大きく違うところは，次の定理 1.2 で示す通り

$$\zeta_N^\mu(s) = \zeta_{\mathrm{rad}(N)}^\mu(s)$$

となる点である．ここに，

$$\mathrm{rad}(N) = \prod_{p|N} p$$

は，N の相異なる素因子の積であり，根基（ラディカル）と呼ばれる．

定理 1.2　$\zeta_N^{\mu}(s)$ は次の性質をもつ.

(1)［オイラー積表示］

$$\zeta_N^{\mu}(s) = \prod_{p|N}(1-p^{-s}).$$

(2)［関数等式］

$$\zeta_N^{\mu}(-s) = (-1)^{\omega(N)}\mathrm{rad}(N)^s\zeta_N^{\mu}(s).$$

ここで，$\omega(N)$ は N の相異なる素因子の個数である.

(3)［リーマン予想］

$$\zeta_N^{\mu}(s) = 0 \quad ならば \quad \mathrm{Re}(s) = 0.$$

(4)［ラディカル性］

$$\zeta_N^{\mu}(s) = \zeta_{\mathrm{rad}(N)}^{\mu}(s).$$

(5)［素数への分解］

$$\zeta_N^{\mu}(s) = \prod_{p|N}\zeta_p^{\mu}(s).$$

(6)［乗法分解］　$(M, N) = 1$ ならば

$$\zeta_{MN}^{\mu}(s) = \zeta_M^{\mu}(s)\zeta_N^{\mu}(s).$$

(7)［特殊値］

$$\zeta_N^{\mu}(1) = \frac{\varphi(N)}{N}.$$

ただし，$\varphi(N)$ はオイラー関数（$1 \sim N$ のうちで N と互いに素なものの個数）である.

(8)［零点位数］

$$\mathrm{ord}_{s=0}\zeta_N^{\mu}(s) = \omega(N).$$

(9)［$\zeta_N(s)$ との関係］

$$\zeta_N^{\mu}(s) = \frac{1}{\zeta_N(s)} \prod_{p|N} (1 - p^{-(\mathrm{ord}_p(N)+1)s}).$$

［証明］

(1)

$$\zeta_N^{\mu}(s) = \sum_{n|N} \mu(n) n^{-s}$$

において，n を素因数分解することにより

$$\zeta_N^{\mu}(s) = \prod_{p|N} \left(\sum_{k=0}^{\mathrm{ord}_p(N)} \mu(p^k) p^{-ks} \right)$$

となることがわかるが，

$$\mu(p^k) = \begin{cases} 1 & \cdots \quad k=0, \\ -1 & \cdots \quad k=1, \\ 0 & \cdots \quad k \geqq 2 \end{cases}$$

なので

$$\zeta_N^{\mu}(s) = \prod_{p|N} (1 - p^{-s})$$

である．

(2)　オイラー積表示より

$$\begin{aligned}
\zeta_N^{\mu}(-s) &= \prod_{p|N}(1-p^{s}) \\
&= \prod_{p|N}\{(-p^{s})(1-p^{-s})\} \\
&= (-1)^{\omega(N)}\mathrm{rad}(N)^{s}\prod_{p|N}(1-p^{-s}) \\
&= (-1)^{\omega(N)}\mathrm{rad}(N)^{s}\zeta_N^{\mu}(s)
\end{aligned}$$

となる．

(3)　$\zeta_N^{\mu}(s)=0$ とすると，オイラー積表示より，ある $p|N$ に対して

$$1-p^{-s}=0$$

となる．よって

$$s=\frac{2\pi\sqrt{-1}\,m}{\log p}\quad (m=0,\pm 1,\ldots)$$

であり，$\mathrm{Re}(s)=0$ である．

(4)

$$\begin{aligned}
\zeta_N^{\mu}(s) &= \prod_{p|N}(1-p^{-s}) \\
&= \prod_{p|\mathrm{rad}(N)}(1-p^{-s}) \\
&= \zeta_{\mathrm{rad}(N)}^{\mu}(s)
\end{aligned}$$

である．

(5)

$$\zeta_N^{\mu}(s)=\prod_{p|N}(1-p^{-s})$$

および

$$\zeta_p^{\mu}(s)=1-p^{-s}$$

から

$$\zeta_N^\mu(s) = \prod_{p|N} \zeta_p^\mu(s)$$

となる．

(6)
$$\zeta_{MN}^\mu(s) = \prod_{p|(MN)} \zeta_p^\mu(s)$$

であるが，M と N に共通素因子がないので

$$\begin{aligned}\zeta_{MN}^\mu(s) &= \Bigl(\prod_{p|M} \zeta_p^\mu(s)\Bigr)\Bigl(\prod_{p|N} \zeta_p^\mu(s)\Bigr) \\ &= \zeta_M^\mu(s)\zeta_N^\mu(s)\end{aligned}$$

となる．

(7)
$$\zeta_N^\mu(1) = \prod_{p|N}\left(1 - \frac{1}{p}\right)$$

において，オイラー関数の公式

$$\varphi(N) = N\prod_{p|N}\left(1 - \frac{1}{p}\right)$$

を用いると

$$\zeta_N^\mu(1) = \frac{\varphi(N)}{N}$$

を得る．

(8)
$$\zeta_N^\mu(s) = \prod_{p|N}(1 - p^{-s})$$

より $s = 0$ における零点の位数は N の相異なる素因子の個数 $\omega(N)$ である．なお，$s = 0$ におけるテイラー展開の先頭係数は

$$\lim_{s \to 0} \frac{\zeta_N^\mu(s)}{s^{\omega(N)}} = \prod_{p|N} \log p$$

となる.

(9)
$$\zeta_N(s) = \prod_{p|N} \frac{1 - p^{-(\mathrm{ord}_p(N)+1)s}}{1 - p^{-s}}$$

と

$$\zeta_N^\mu(s) = \prod_{p|N} (1 - p^{-s})$$

より

$$\zeta_N^\mu(s)\zeta_N(s) = \prod_{p|N} (1 - p^{-(\mathrm{ord}_p(N)+1)s}).$$

したがって

$$\zeta_N^\mu(s) = \frac{1}{\zeta_N(s)} \prod_{p|N} (1 - p^{-(\mathrm{ord}_p(N)+1)s}).$$

［証明終］

有限メビウスゼータ関数

$$\zeta_N^\mu(s) = \sum_{n|N} \mu(n) n^{-s}$$

の $N = \infty$ 版は

$$\zeta^\mu(s) = \sum_{n=1}^{\infty} \mu(n) n^{-s}$$

となる．これは，定理 1.2（9）から示唆される通り

$$\zeta^{\mu}(s) = \frac{1}{\zeta(s)}$$

である．実際，$\zeta(s)$ のオイラー積表示を用いると

$$\frac{1}{\zeta(s)} = \prod_p (1 - p^{-s})$$

となるが，このオイラー積を展開すると，メビウス関数の定義により

$$\begin{aligned}\frac{1}{\zeta(s)} &= \sum_{n=1}^{\infty} \mu(n) n^{-s} \\ &= \zeta^{\mu}(s)\end{aligned}$$

とわかる．

せっかくオイラー積

$$\zeta^{\mu}(s) = \prod_p (1 - p^{-s})$$

が出てきたので，一言注意しておくと，$\zeta^{\mu}(s)$ を $\mathrm{Re}(s) \leqq 1$ へ解析接続した後で $\zeta^{\mu}(1) = 0$ となることに対応して

$$\prod_p \left(1 - \frac{1}{p}\right) = 0$$

は

$$\lim_{x \to \infty} \prod_{p \leqq x} \left(1 - \frac{1}{p}\right) = 0$$

という意味で成立する．さらに詳しく言うと

$$\lim_{x \to \infty} \left(\prod_{p \leqq x} \left(1 - \frac{1}{p}\right) \right) \log x = e^{-\gamma}$$

という結果（$\gamma = 0.577\cdots$ はオイラー定数）は

$$\prod_{p \leqq x} \left(1 - \frac{1}{p}\right) \sim \frac{e^{-\gamma}}{\log x}$$

あるいは

$$\prod_{p \leqq x} \left(1 - \frac{1}{p}\right)^{-1} \sim e^{\gamma} \log x$$

と書かれ，メルテンスの定理（1874年；第II部参照）と呼ばれる．ここで，$f(x) \sim g(x)$ とは

$$\lim_{x \to \infty} \frac{f(x)}{g(x)} = 1$$

を意味している．メルテンスの定理は，リーマン予想を深くした「深リーマン予想」への第一歩であった（第III部参照）．

Georg Friedrich Bernhard Riemann

第2章
行列の整数ゼータ関数

ゼータ関数となるとどうしても積分表示からの導入になってしまいがちであるが，その方向にリーマン予想まで直に行き着くような道はないのであり，はじめは行列式表示から入るのが良い．本章では，行列からゼータ関数を構成し，関数等式およびリーマン予想を証明する．その根本となるのが，ゼータ関数の行列式表示である．

本章の結果は『線形代数』の最終章に「行列のゼータ関数」として置くにふさわしいものであり，『線形代数』の目標がわかりやすくなる．これは，何度も講義で実行したので間違いない．

2.1 整数ゼータ関数

正方行列 $A \in M_n(\mathbb{C})$ と $\mathrm{Re}(s) > 0$ に対して

$$\zeta_A^{\mathbb{Z}}(s) = \exp\left(\sum_{m=1}^{\infty} \frac{\mathrm{tr}(A^m)}{m} e^{-ms}\right)$$

とおく．ただし，tr は行列の跡（トレース；対角成分の和）を意味する．はじめに，行列式表示を証明しよう．

定理 2.1 $\zeta_A^{\mathbb{Z}}(s)$ は行列式表示

$$\zeta_A^{\mathbb{Z}}(s) = \det(I_n - Ae^{-s})^{-1}$$

によって，すべての複素数 s へと解析接続され，有理型関数となる．

［証明］ A を正則行列 P によって上三角化する

$$P^{-1}AP = \begin{pmatrix} \alpha_1 & & * \\ & \ddots & \\ O & & \alpha_n \end{pmatrix}.$$

ここで，$\alpha_1, \ldots, \alpha_n$ は A の固有値である．もっと詳しくは，固有多項式（あるいは，特性多項式）

$$\Phi_A(x) = \det(xI_n - A)$$

の根ということになる：

$$\Phi_A(x) = (x - \alpha_1) \cdots (x - \alpha_n).$$

ただし，

$$I_n = \begin{pmatrix} 1 & & O \\ & \ddots & \\ O & & 1 \end{pmatrix}$$

は n 次単位行列とする（E_n と書かれる場合も多い）．

さて，

$$(P^{-1}AP)^m = \begin{pmatrix} \alpha_1^m & & * \\ & \ddots & \\ O & & \alpha_n^m \end{pmatrix}$$

において，左辺が $P^{-1}A^mP$ となることから，跡をとると

$$\begin{aligned}\mathrm{tr}(A^m) &= \mathrm{tr}(P^{-1}A^mP)\\ &= \alpha_1^m + \cdots + \alpha_n^m\end{aligned}$$

を得る．したがって，

$$\zeta_A^{\mathbb{Z}}(s) = \exp\left(\sum_{m=1}^{\infty} \frac{\alpha_1^m + \cdots + \alpha_n^m}{m} e^{-ms}\right)$$

となるが，$|x| < 1$ に対して成立する等式

$$\exp\left(\sum_{m=1}^{\infty} \frac{x^m}{m}\right) = \frac{1}{1-x}$$

を用いると

$$\zeta_A^{\mathbb{Z}}(s) = \frac{1}{(1-\alpha_1 e^{-s})\cdots(1-\alpha_n e^{-s})}$$

を得る．ここで，s は

$$\left|\alpha_k e^{-s}\right| = |\alpha_k|\, e^{-\mathrm{Re}(s)} < 1 \quad (k = 1, \ldots, n)$$

が成り立つ範囲にあるものとする．具体的には

$$\mathrm{Re}(s) > \log(\max\{|\alpha_1|, \ldots, |\alpha_n|\})$$

としておく．

一方，

$$P^{-1}AP = \begin{pmatrix} \alpha_1 & & * \\ & \ddots & \\ O & & \alpha_n \end{pmatrix}$$

より

$$\det(I_n - Ae^{-s}) = \det(P^{-1}(I_n - Ae^{-s})P)$$
$$= \det(I_n - (P^{-1}AP)e^{-s})$$
$$= \det\begin{pmatrix} 1-\alpha_1 e^{-s} & & * \\ & \ddots & \\ O & & 1-\alpha_n e^{-s} \end{pmatrix}$$
$$= (1-\alpha_1 e^{-s})\cdots(1-\alpha_n e^{-s})$$

となる．したがって，

$$\zeta_A^{\mathbb{Z}}(s) = \det(I_n - Ae^{-s})^{-1}$$

が

$$\mathrm{Re}(s) > \log(\max\{|\alpha_1|, \ldots, |\alpha_n|\})$$

において成立し，この行列式表示によって，すべての複素数 s への解析接続が与えられる．得られる関数は有理型関数であって，零点はない．極は

$$e^s = \alpha_k \quad (k = 1, \ldots, n)$$

をみたす s であり，具体的には（対数の枝を一つ固定して）

$$s = \log\alpha_k + 2\pi\sqrt{-1}\,m \quad (m \in \mathbb{Z})$$

という周期点となる．

［証明終］

上記の証明において，次の跡公式が使われていることに注意しておこう．

跡公式

n 次正方行列 $A = (a_{ij})_{i,j=1,\ldots,n}$ の固有値を $\alpha_1, \ldots, \alpha_n$ としたとき，等式

$$a_{11} + a_{22} + \cdots + a_{nn} = \alpha_1 + \alpha_2 + \cdots + \alpha_n$$

が成立する.

これは，A の跡を2通りに表したものであり，第Ⅲ部において現れるセルバーグ跡公式と呼ばれるもの——それがセルバーグゼータ関数のリーマン予想を証明する鍵となる——の原型となっている．なお，跡は『線形代数』の教科書によっては「対角和」,「固有和」などを使っているが，内容からすると

「対角和」=「固有和」

が跡公式なのである.

次は，A をユニタリ行列に制限して関数等式とリーマン予想を証明する.

定理 2.2

A を n 次ユニタリ行列とすると次が成立する.

(1)［行列式表示］

$$\zeta_A^{\mathbb{Z}}(s) = \det(I_n - Ae^{-s})^{-1}.$$

(2)［関数等式］

$$\zeta_A^{\mathbb{Z}}(-s) = (-1)^n \det(A)^{-1} e^{-ns} \zeta_A^{\mathbb{Z}}(s).$$

(3)［リーマン予想］

$$\zeta_A^{\mathbb{Z}}(s) = \infty \quad \text{ならば} \quad \mathrm{Re}(s) = 0.$$

［証明］

(1)　定理2.1の A をユニタリ行列とすればよい.

(2)　行列式表示から

$$\zeta_A^{\mathbb{Z}}(s) = \prod_{k=1}^{n} (1 - \alpha_k e^{-s})^{-1}$$

となる．ここで，$\alpha_1, \ldots, \alpha_n$ は A の固有値である．

$\overline{A}$ に対して計算すると

$$\zeta_{\overline{A}}^{\mathbb{Z}}(s) = \prod_{k=1}^{n} (1 - \overline{\alpha}_k e^{-s})^{-1}$$

を得る．ここで，A はユニタリ行列なので，$\alpha_1, \ldots, \alpha_n$ は絶対値 1 であり，

$$\overline{\alpha}_k = \alpha_k^{-1} \quad (k = 1, \ldots, n)$$

となることに注意する．すると

$$\zeta_{\overline{A}}^{\mathbb{Z}}(s) = \prod_{k=1}^{n} (1 - \alpha_k^{-1} e^{-s})^{-1}$$

となる．

したがって，

$$\begin{aligned} \zeta_A^{\mathbb{Z}}(-s) &= \prod_{k=1}^{n} (1 - \alpha_k e^{s})^{-1} \\ &= \prod_{k=1}^{n} ((-\alpha_k e^{s})(1 - \alpha_k^{-1} e^{-s}))^{-1} \\ &= (-1)^n \left(\prod_{k=1}^{n} \alpha_k \right)^{-1} e^{-ns} \prod_{k=1}^{n} (1 - \alpha_k^{-1} e^{-s})^{-1} \\ &= (-1)^n \det(A)^{-1} e^{-ns} \zeta_{\overline{A}}^{\mathbb{Z}}(s) \end{aligned}$$

となって，関数等式がわかる．

(3)　行列式表示より，$\zeta_A^{\mathbb{Z}}(s) = \infty$ ならば，ある $k = 1, \ldots, n$ に対して

$$\alpha_k e^{-s} = 1.$$

よって

$$e^s = \alpha_k$$

の絶対値を見ることにより，

$$e^{\mathrm{Re}(s)} = |e^s| = |\alpha_k| = 1.$$

したがって

$$\mathrm{Re}(s) = 0$$

となる．

［証明終］

このようにして，リーマン予想が証明されるのである．ユニタリ行列の固有値の話として捉えることが鍵であった．簡単な構造であるが，一般のゼータ関数に対しても成立すべき内容であり示唆深いものである．

ここで，表現のゼータ関数について触れておこう．それは，$\mathbb{Z}$ のユニタリ表現

$$\rho : \mathbb{Z} \longrightarrow GL_n(\mathbb{C})$$

を考えて，ゼータ関数 $\zeta_\rho^{\mathbb{Z}}(s)$ を $\mathrm{Re}(s) > 0$ において

$$\zeta_\rho^{\mathbb{Z}}(s) = \exp\left(\sum_{m=1}^{\infty} \frac{\mathrm{tr}(\rho(m))}{m} e^{-ms}\right)$$

と定めるのである．

このとき，$A = \rho(1)$ はユニタリ行列であり，表現 ρ は

$$\rho(m) = A^m \quad (m \in \mathbb{Z})$$

と決まっていることになる．したがって，定理 2.2 が使えて，

行列式表示

$$\zeta_\rho^{\mathbb{Z}}(s) = \det(1 - \rho(1)e^{-s})^{-1},$$

関数等式

$$\zeta_\rho^{\mathbb{Z}}(-s) = (-1)^n \det(\rho(1))^{-1} e^{-ns} \zeta_{\overline{\rho}}^{\mathbb{Z}}(s),$$

リーマン予想

$$\zeta_\rho^{\mathbb{Z}}(s) = \infty \quad \Longrightarrow \quad \mathrm{Re}(s) = 0$$

が成り立つことがわかる．これが，ゼータ関数に $\mathbb{Z}$ を付けていた理由である．

2.2　テンソル積構造

ゼータ関数のテンソル積構造とは，いくつかのゼータ関数

$$Z_1(s), \ldots, Z_r(s)$$

に対して

$$(Z_1 \otimes \cdots \otimes Z_r)(s)$$

というテンソル積ゼータ関数（「黒川テンソル積」とも呼ばれる）が構成されていて

$$\left.\begin{array}{c} Z_1(s_1) = 0, \infty \\ \vdots \\ Z_r(s_r) = 0, \infty \end{array}\right\} \quad \Longrightarrow \quad (Z_1 \otimes \cdots \otimes Z_r)(s_1 + \cdots + s_r) = 0, \infty$$

が成り立っているときを指す．ゼータ関数の零点と極に和構造が存在することを言っている．これは，もともと，1974 年にドリーニュが合同ゼータ関数のリーマン予想を証明したときに用いた構造である（第Ⅲ部参照）．

ここでは，ゼータ関数 $\zeta_A^{\mathbb{Z}}(s)$ に対するテンソル積構造を示そう．準備として，m 次正方行列 A と n 次正方行列 B に対して，（クロネッカー）テンソル積 $A \otimes B$ を

$$A \otimes B = (a_{ij}B)_{i,j=1,\ldots,m}$$

と定義する．ここで，$A = (a_{ij})_{i,j=1,\ldots,m}$ とする．$A \otimes B$ は mn 次の正方行列で

ある.

まず，$A \otimes B$ の固有値は A の固有値と B の固有値の積となることを示しておこう.

定理 2.3

m 次正方行列 A と n 次正方行列 B の固有多項式（特性多項式）を

$$\Phi_A(x) = \det(xI_m - A) = \prod_{k=1}^{m}(x - \alpha_k),$$
$$\Phi_B(x) = \det(xI_n - B) = \prod_{l=1}^{n}(x - \beta_l)$$

とすると

$$\Phi_{A\otimes B}(x) = \det(xI_{mn} - A \otimes B)$$

は

$$\Phi_{A\otimes B}(x) = \prod_{\substack{k=1,\ldots,m \\ l=1,\ldots,n}}(x - \alpha_k\beta_l)$$

となる．とくに，A の固有値を $\{\alpha_1, \ldots, \alpha_m\}$ とし，B の固有値を $\{\beta_1, \ldots, \beta_n\}$ とすると，$A \otimes B$ の固有値は

$$\left\{ \alpha_k\beta_l \;\middle|\; \begin{array}{c} k = 1, \ldots, m \\ l = 1, \ldots, n \end{array} \right\}$$

で与えられる.

［証明］　A, B を正則行列 P, Q によって上三角化する：

$$P^{-1}AP = \begin{pmatrix} \alpha_1 & & * \\ & \ddots & \\ O & & \alpha_m \end{pmatrix},$$

$$Q^{-1}BQ = \begin{pmatrix} \beta_1 & & * \\ & \ddots & \\ O & & \beta_n \end{pmatrix}.$$

すると，（クロネッカー）テンソル積の定義より

$$(P^{-1}AP) \otimes (Q^{-1}BQ) = \begin{pmatrix} \alpha_1\beta_1 & & & & & & * \\ & \ddots & & & & & \\ & & \alpha_1\beta_n & & & & \\ & & & \ddots & & & \\ & & & & \alpha_m\beta_1 & & \\ & & & & & \ddots & \\ O & & & & & & \alpha_m\beta_n \end{pmatrix}$$

となる．よって

$$\Phi_{(P^{-1}AP)\otimes(Q^{-1}BQ)}(x) = \prod_{\substack{k=1,\ldots,m \\ l=1,\ldots,n}} (x - \alpha_k\beta_l)$$

となる．したがって，

$$\Phi_{A\otimes B}(x) = \Phi_{(P^{-1}AP)\otimes(Q^{-1}BQ)}(x)$$

を示せばよいことになる．

ところで，次の等式（1），（2）が成立する：

（1） $(P^{-1}AP) \otimes (Q^{-1}BQ) = (P^{-1} \otimes Q^{-1})(A \otimes B)(P \otimes Q)$,

（2） $P^{-1} \otimes Q^{-1} = (P \otimes Q)^{-1}$.

これが示されれば

$$(P^{-1}AP)\otimes(Q^{-1}BQ)=(P\otimes Q)^{-1}(A\otimes B)(P\otimes Q)$$

より

$$\begin{aligned}\Phi_{(P^{-1}AP)\otimes(Q^{-1}BQ)}(x)&=\Phi_{(P\otimes Q)^{-1}(A\otimes B)(P\otimes Q)}(x)\\&=\det(xI_{mn}-(P\otimes Q)^{-1}(A\otimes B)(P\otimes Q))\\&=\det((P\otimes Q)^{-1}(xI_{mn}-A\otimes B)(P\otimes Q))\\&=\det(xI_{mn}-A\otimes B)\\&=\Phi_{A\otimes B}(x)\end{aligned}$$

となって，希望が達せられる．

さて，(2) は

$$(P\otimes Q)(P^{-1}\otimes Q^{-1})=I_{mn}$$

と同値なので，(1)，(2) とも，一般に，m 次正方行列 $A_1,\cdots,A_r$ と n 次正方行列 $B_1,\ldots,B_r$ に対して

$$(A_1\otimes B_1)\cdots(A_r\otimes B_r)=(A_1\cdots A_r)\otimes(B_1\cdots B_r)$$

を証明することに帰着する：(1) では $r=3$，(2) では $r=2$.

数学では普通に起こることであるが，上記のように一般化しておくと $r=2$ の場合を示せば，あとは繰り返しでできる．たとえば，$r=3$ のときは

$$\begin{aligned}(A_1\otimes B_1)(A_2\otimes B_2)(A_3\otimes B_3)&=((A_1\otimes B_1)(A_2\otimes B_2))(A_3\otimes B_3)\\&=((A_1A_2)\otimes(B_1B_2))(A_3\otimes B_3)\\&=(A_1A_2A_3)\otimes(B_1B_2B_3)\end{aligned}$$

とすればよい．

実質的に示すべき $r=2$ のときは

$$(A\otimes B)(A'\otimes B')=(AA')\otimes(BB')$$

を証明することになる．そこで，

$$A = (a_{ij}), \quad A' = (a'_{ij})$$

とおくと

$$A \otimes B = (a_{ij}B),$$
$$A' \otimes B' = (a'_{ij}B')$$

であるから

$$(A \otimes B)(A' \otimes B') = \left(\sum_k a_{ik}a'_{kj}BB'\right)$$
$$= (AA') \otimes (BB')$$

となって，示された.

［証明終］

上記の計算をたどると，

$$\mathrm{tr}(A \otimes B) = \mathrm{tr}(A)\mathrm{tr}(B),$$
$$\det(A \otimes B) = \det(A)^n \det(B)^m$$

もわかる：

$$\mathrm{tr}(A \otimes B) = \sum_{k,l} \alpha_k \beta_l$$
$$= \left(\sum_k \alpha_k\right)\left(\sum_l \beta_l\right)$$
$$= \mathrm{tr}(A)\mathrm{tr}(B),$$
$$\det(A \otimes B) = \prod_{k,l} \alpha_k \beta_l$$
$$= \left(\prod_k \alpha_k\right)^n \left(\prod_l \beta_l\right)^m$$
$$= \det(A)^n \det(B)^m.$$

ゼータ関数のテンソル積構造は次の通りである．

定理 2.4

m 次正方行列 A と n 次正方行列 B に対して，

$$\zeta_A^{\mathbb{Z}}(s_1)=\infty, \zeta_B^{\mathbb{Z}}(s_2)=\infty \quad \Longrightarrow \quad \zeta_{A\otimes B}^{\mathbb{Z}}(s_1+s_2)=\infty$$

が成立する．

［証明］

行列式表示から

$$\begin{aligned}\zeta_A^{\mathbb{Z}}(s)&=\prod_{k=1}^{m}(1-\alpha_k e^{-s})^{-1},\\ \zeta_B^{\mathbb{Z}}(s)&=\prod_{l=1}^{n}(1-\beta_l e^{-s})^{-1},\\ \zeta_{A\otimes B}^{\mathbb{Z}}(s)&=\prod_{\substack{k=1,\dots,m\\ l=1,\dots,n}}(1-\alpha_k\beta_l e^{-s})^{-1}\end{aligned}$$

となる．そこで，

$$\begin{cases}\zeta_A^{\mathbb{Z}}(s_1)=\infty,\\ \zeta_B^{\mathbb{Z}}(s_2)=\infty\end{cases}$$

とすると

$$\begin{cases}e^{s_1}=\alpha_k,\\ e^{s_2}=\beta_l\end{cases}$$

となる k，l が存在する．したがって，

$$e^{s_1+s_2}=\alpha_k\beta_l$$

は $A\otimes B$ の固有値となるので

$$\zeta^{\mathbb{Z}}_{A\otimes B}(s_1+s_2)=\infty$$

が成立する．

［証明終］

上の議論と同様にして，ユニタリ表現

$$\rho_1:\mathbb{Z}\longrightarrow GL_m(\mathbb{C}),$$
$$\rho_2:\mathbb{Z}\longrightarrow GL_n(\mathbb{C})$$

に対して，ゼータ関数のテンソル積構造が存在することがわかる：

$$\zeta^{\mathbb{Z}}_{\rho_1}(s_1)=\infty,\zeta^{\mathbb{Z}}_{\rho_2}(s_2)=\infty \quad\Longrightarrow\quad \zeta^{\mathbb{Z}}_{\rho_1\otimes\rho_2}(s_1+s_2)=\infty.$$

ただし，テンソル積表現

$$\rho_1\otimes\rho_2:\mathbb{Z}\longrightarrow GL_{mn}(\mathbb{C})$$

は

$$(\rho_1\otimes\rho_2)(m)=\rho_1(m)\otimes\rho_2(m)$$

と構成される．

また，ここでは簡単のために2個のテンソル積にしてあるが

$$\zeta^{\mathbb{Z}}_{\rho_k}(s_k)=\infty \quad (k=1,\ldots,r) \quad\Longrightarrow\quad \zeta^{\mathbb{Z}}_{\rho_1\otimes\cdots\otimes\rho_r}(s_1+\cdots+s_r)=\infty$$

も同じく成立する．

2.3　置換ゼータ関数

置換 $\sigma\in S_n$ とは $\{1,\ldots,n\}$ の並べ換えのことであり，写像（全単射）

$$\sigma:\{1,\ldots,n\}\longrightarrow\{1,\ldots,n\}$$

と同一視する．ここで，S_n は n 次対称群である．置換 σ のゼータ関数 $\zeta_\sigma(s)$ を，

$\mathrm{Re}(s) > 0$ において

$$\zeta_\sigma(s) = \exp\left(\sum_{m=1}^{\infty} \frac{|\mathrm{Fix}(\sigma^m)|}{m} e^{-ms}\right)$$

と定義する．ただし，

$$\mathrm{Fix}(\sigma^m) = \{i = 1, \ldots, n \mid \sigma^m(i) = i\}$$

は σ^m の不動点（固定点）集合である．

定理 2.5

置換 $\sigma \in S_n$ に対して次が成立する．

（1）［行列式表示］

$$\zeta_\sigma(s) = \det(I_n - M(\sigma)e^{-s})^{-1}.$$

ここで，

$$M(\sigma) = (\delta_{i\sigma(j)})_{i,j=1,\ldots,n}$$

は置換行列である．

（2）［関数等式］

$$\zeta_\sigma(-s) = (-1)^n \mathrm{sgn}(\sigma) e^{-ns} \zeta_\sigma(s).$$

（3）［リーマン予想］

$$\zeta_\sigma(s) = \infty \quad \text{ならば} \quad \mathrm{Re}(s) = 0.$$

［証明］

最初に，跡公式

$$\mathrm{tr}(M(\sigma)^m) = |\mathrm{Fix}(\sigma^m)|$$

を示そう．ここで，

$$M : S^n \longrightarrow GL_n(\mathbb{C})$$

が群の表現（群準同型）になることは簡単にわかるので，

$$M(\sigma)^m = M(\sigma^m)$$

が成立する．したがって，跡公式は

$$\mathrm{tr}(M(\sigma^m)) = |\mathrm{Fix}(\sigma^m)|$$

を示せばよい．そのためには，左辺を

$$M(\sigma^m) = (\delta_{i\sigma^m(j)})$$

から計算すればよい：

$$\begin{aligned}
\mathrm{tr}(M(\sigma^m)) &= \sum_{i=1}^{n} \delta_{i\sigma^m(i)} \\
&= \left|\left\{i = 1, \ldots, n \mid \delta_{i\sigma^m(i)} = 1\right\}\right| \\
&= |\{i = 1, \ldots, n \mid \sigma^m(i) = i\}| \\
&= |\mathrm{Fix}(\sigma^m)|
\end{aligned}$$

となって，右辺と一致する．

したがって，$\mathrm{Re}(s) > 0$ において

$$\begin{aligned}
\zeta_\sigma(s) &= \exp\left(\sum_{m=1}^{\infty} \frac{|\mathrm{Fix}(\sigma^m)|}{m} e^{-ms}\right) \\
&= \exp\left(\sum_{m=1}^{\infty} \frac{\mathrm{tr}(M(\sigma)^m)}{m} e^{-ms}\right) \\
&= \zeta^{\mathbb{Z}}_{M(\sigma)}(s)
\end{aligned}$$

となる．ただし，$M(\sigma)$ がユニタリ行列（実直交行列）になることを使っている．さらに，定理 2.2 を用いることによって，(1)，(2)，(3) が導かれる．ここで，(2) においては

$$\det M(\sigma) = \mathrm{sgn}(\sigma),$$
$$\overline{M(\sigma)} = M(\sigma)$$

となることを用いている.

［証明終］

置換ゼータ関数は，置換を巡回置換の積

$$\sigma = P_1 \cdots P_r$$

に分解すること（$P_1, \ldots, P_r$ には $1 \sim n$ の数字が1回だけ現れるようにする）によって，オイラー積表示

$$\zeta_\sigma(s) = \prod_{i=1}^{r} (1 - N(P_i)^{-s})^{-1}$$

を得ることができる．ただし，P_i の長さを $l(P_i)$ としたとき

$$N(P_i) = e^{l(P_i)}$$

とおく．

たとえば，

$$\sigma = \begin{pmatrix} 1 & 2 & 3 & 4 & 5 & 6 & 7 \\ 2 & 3 & 1 & 5 & 6 & 4 & 7 \end{pmatrix} \in S_7$$

なら，σ は図のような有向グラフになり，

$$P_1 = (1\ 2\ 3),$$
$$P_2 = (4\ 5\ 6),$$
$$P_3 = (7)$$

であり，

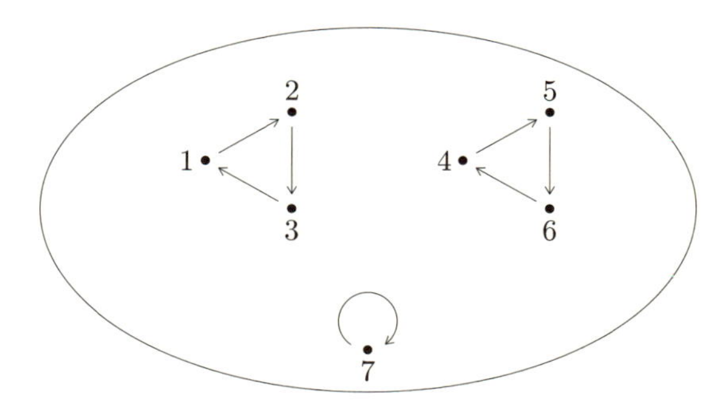

有向グラフ

$$\zeta_\sigma(s) = (1-e^{-3s})^{-2}(1-e^{-s})^{-1}$$
$$= \prod_{i=1}^{3}(1-N(P_i)^{-s})^{-1}$$

となる．

同じことは，σ を $\{1,\ldots,n\}$ に作用させて得られる有向グラフ（図参照）を考えて，閉軌道全体（$P_1,\ldots,P_r$ になる）に関するオイラー積と見ることができる．

『線形代数』において置換はつきものであるが，その一歩先にゼータ関数という美しい花園が広がっているのである．しかも，リーマン予想の証明までできるのは楽しい限りである．

Georg Friedrich Bernhard Riemann

第3章 行列の実数ゼータ関数

前章では行列の整数ゼータ関数 $\zeta_A^{\mathbb{Z}}(s)$ を見たのであるが，本章では行列の実数ゼータ関数 $\zeta_A^{\mathbb{R}}(s)$ を扱う．これは，絶対ゼータ関数論という21世紀数学の入り口であり，第III部への導入になっている．なお，$\mathbb{Z}$ から $\mathbb{R}$ になるとゼータ関数も少し高度になるため技術的なことが必要になるのであるけれども，その辺のことは第III部にまわして，第I部では簡単にわかることに限定しよう．

3.1 実数ゼータ関数

n 次正方行列 A の実数ゼータ関数 $\zeta_A^{\mathbb{R}}(s)$ は

$$\zeta_A^{\mathbb{R}}(s) = \exp\left(\frac{\partial}{\partial w}\left(\frac{1}{\Gamma(w)}\int_0^\infty \mathrm{tr}(e^{tA})e^{-st}t^{w-1}dt\right)\Bigg|_{w=0}\right)$$

と定義されるが，そのことは3.3節において説明することにして，ここでは，その計算結果が有理関数

$$\zeta_A^{\mathbb{R}}(s) = \det(s-A)^{-1}$$

となること（定理3.4）――つまり行列式表示――から出発する．ただし，s は sI_n と書くべきものであるが，徐々に，省略形も使うことにする．

行列 A が歪エルミート行列（条件：${}^t\overline{A} = -A$）のときに $\zeta_A^{\mathbb{R}}(s)$ の性質を書いておこう．

定理 3.1

A を n 次歪エルミート行列とすると次が成り立つ．

(1)［関数等式］

$$\zeta_A^{\mathbb{R}}(-s) = (-1)^n \zeta_A^{\mathbb{R}}(s).$$

(2)［リーマン予想］

$$\zeta_A^{\mathbb{R}}(s) = \infty \quad \text{ならば} \quad \mathrm{Re}(s) = 0.$$

［証明］

(1) 行列式表示

$$\zeta_A^{\mathbb{R}}(s) = \det(s - A)^{-1}$$

より $\zeta_A^{\mathbb{R}}(s)$ は有理関数

$$\zeta_A^{\mathbb{R}}(s) = \prod_{k=1}^{n} (s - \alpha_k)^{-1}$$

となる．ここで，$\alpha_1, \ldots, \alpha_n$ は A の固有値である．歪エルミート行列の固有値は純虚数（0 も含む）なので

$$\overline{\alpha}_k = -\alpha_k \quad (k = 1, \ldots, n)$$

となっていることに注意する．

さて，

$$\begin{aligned}
\zeta_A^{\mathbb{R}}(-s) &= \prod_{k=1}^{n} (-s - \alpha_k)^{-1} \\
&= (-1)^n \prod_{k=1}^{n} (s + \alpha_k)^{-1} \\
&= (-1)^n \prod_{k=1}^{n} (s - \overline{\alpha}_k)^{-1}
\end{aligned}$$

となるので，行列式表示

$$\zeta_A^{\mathbb{R}}(s) = \prod_{k=1}^{n} (s - \overline{\alpha}_k)^{-1}$$

により，関数等式

$$\zeta_A^{\mathbb{R}}(-s) = (-1)^n \zeta_A^{\mathbb{R}}(s)$$

を得る．

(2)　$\zeta_A^{\mathbb{R}}(s) = \infty$ ならば，行列式表示より

$$s = \alpha_k \quad (k = 1, \ldots, n)$$

が成立する．よって，α_k が純虚数となることから

$$\mathrm{Re}(s) = \mathrm{Re}(\alpha_k) = 0$$

がわかる．

［証明終］

行列の実数ゼータ関数は「ゼータ関数の零点・極に固有値としての解釈を与えてリーマン予想を証明しよう」というヒルベルトとポリヤにより 1914 年頃に構想されたことを簡単な形で実現したものである．残念ながら，こんな簡単なものも，絶対ゼータ関数論の研究結果（黒川）を待たないと発見されなかったのが現実である．その発見までの軌跡は

黒川信重『絶対ゼータ関数論』岩波書店，2016 年

黒川信重『絶対数学原論』現代数学社，2016 年

黒川信重『現代三角関数論』岩波書店，2013 年

に報告済である．

なお，リーマンゼータ関数の場合の固有値解釈としては，虚部が正の零点 ρ に対して $\lambda = \rho(1-\rho)$ を何らかの固有値と見ることが基本となるが，簡単な式（黒川）

$$\prod_{\lambda}\left(1+\frac{2}{\lambda}\right)=\frac{\pi}{3}$$

を眺めていると，そう難しいことでもない気がするであろう．

3.2 テンソル積構造

行列 A の実数ゼータ関数 $\zeta_A^{\mathbb{R}}(s)$ に対するテンソル積構造を定式化するために，（クロネッカー）テンソル和 $A \star B$ を

$$A \star B = A \otimes I_n + I_m \otimes B$$

とおく．

定理 3.2

m 次正方行列 A と n 次正方行列 B に対して，

$$\zeta_A^{\mathbb{R}}(s_1)=\infty,\ \zeta_B^{\mathbb{R}}(s_2)=\infty \quad \Longrightarrow \quad \zeta_{A\star B}^{\mathbb{R}}(s_1+s_2)=\infty$$

が成立する．

［証明］

定理 2.4 の証明と同様に，固有多項式の計算からはじめる．つまり，

$$\Phi_A(x)=\det(xI_m-A)=\prod_{k=1}^{m}(x-\alpha_k),$$
$$\Phi_B(x)=\det(xI_n-B)=\prod_{l=1}^{n}(x-\beta_l)$$

としたとき

$$\Phi_{A\star B}(x)=\det(xI_{mn}-(A\star B))$$

が

$$\Phi_{A\star B}(x) = \prod_{\substack{k=1,\ldots,m \\ l=1,\ldots,n}} (x - (\alpha_k + \beta_l))$$

となることを示す．

そのためには，A, B を正則行列 P, Q によって上三角化

$$P^{-1}AP = \begin{pmatrix} \alpha_1 & & * \\ & \ddots & \\ O & & \alpha_m \end{pmatrix},$$

$$Q^{-1}BQ = \begin{pmatrix} \beta_1 & & * \\ & \ddots & \\ O & & \beta_n \end{pmatrix}$$

して

$$\begin{aligned}
&(P \otimes Q)^{-1}(A \star B)(P \otimes Q) \\
&\quad = (P^{-1} \otimes Q^{-1})(A \otimes I_n + I_m \otimes B)(P \otimes Q) \\
&\quad = (P^{-1} \otimes Q^{-1})(A \otimes I_n)(P \otimes Q) + (P^{-1} \otimes Q^{-1})(I_m \otimes B)(P \otimes Q) \\
&\quad = (P^{-1}AP) \otimes (Q^{-1}I_nQ) + (P^{-1}I_mP) \otimes (Q^{-1}BQ) \\
&\quad = (P^{-1}AP) \otimes I_n + I_m \otimes (Q^{-1}BQ)
\end{aligned}$$

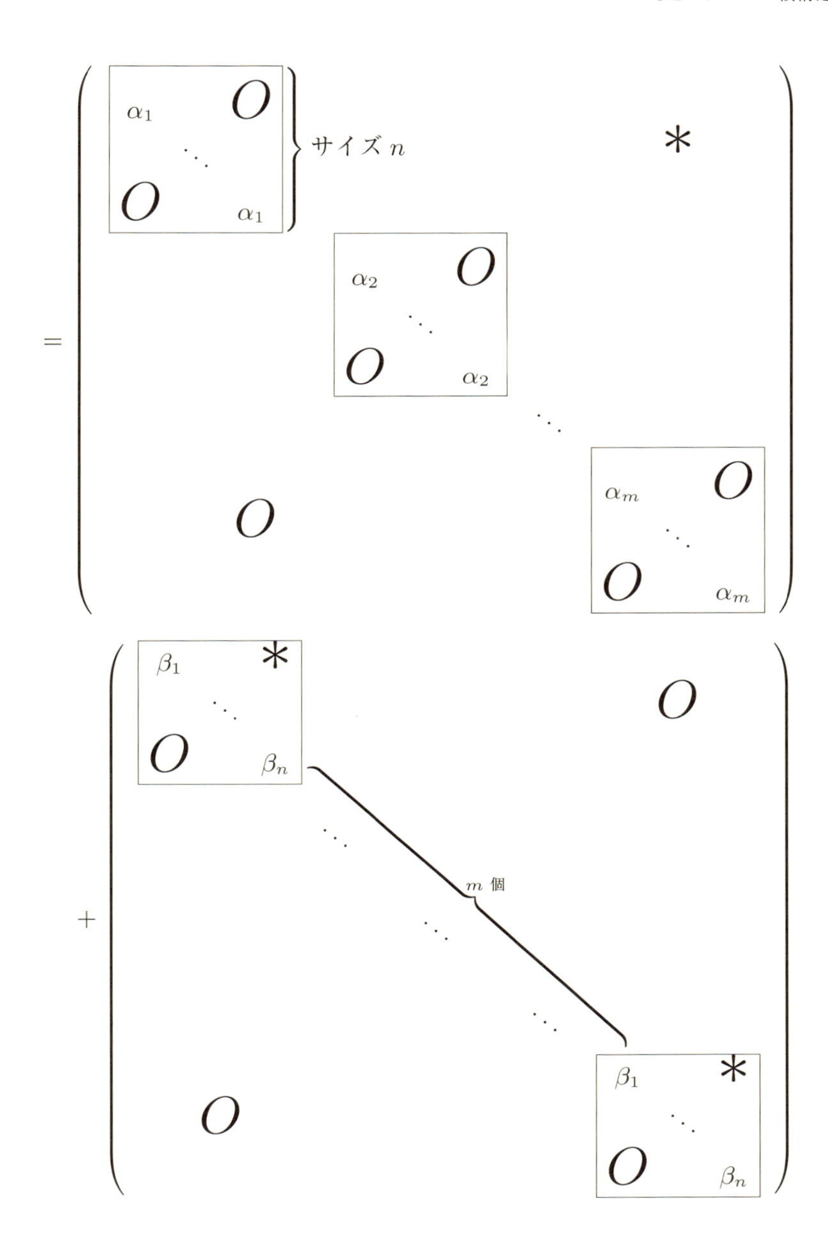
サイズ n
m 個

$$= \begin{pmatrix} \alpha_1+\beta_1 & & & & & & & & \ast \\ & \ddots & & & & & & & \\ & & \alpha_1+\beta_n & & & & & & \\ & & & \alpha_2+\beta_1 & & & & & \\ & & & & \ddots & & & & \\ & & & & & \alpha_2+\beta_n & & & \\ & & & & & & \ddots & & \\ & & & & & & & \alpha_m+\beta_1 & \\ & & & & & & & & \ddots \\ O & & & & & & & & & \alpha_m+\beta_n \end{pmatrix}$$

と計算すると

$$\begin{aligned} \Phi_{A\star B}(x) &= \det(xI_{mn} - (A\star B)) \\ &= \det(xI_{mn} - (P\otimes Q)^{-1}(A\star B)(P\otimes Q)) \\ &= \Phi_{(P\otimes Q)^{-1}(A\star B)(P\otimes Q)}(x) \\ &= \prod_{\substack{k=1,\ldots,m \\ l=1,\ldots,n}} (x-(\alpha_k+\beta_l)) \end{aligned}$$

となって，求める結果が得られた．

　したがって，

$$\begin{cases} \zeta_A^{\mathbb{R}}(s_1)=\infty \\ \zeta_B^{\mathbb{R}}(s_2)=\infty \end{cases}$$

とすると

$$\begin{cases} s_1=\alpha_k \\ s_2=\beta_l \end{cases}$$

の形になり

$$s_1 + s_2 = \alpha_k + \beta_l$$

は $A \star B$ の固有値である．よって

$$\zeta^{\mathbb{R}}_{A \star B}(s_1 + s_2) = \infty$$

となる．

［証明終］

テンソル和 $A \star B$ の意味については，テンソル積 $e^{tA} \otimes e^{tB}$ がわかりやすい説明を与えてくれる．

定理 3.3

m 次正方行列 A と n 次正方行列 B に対して，次が成立する．

(1) $e^{t(A \star B)} = e^{tA} \otimes e^{tB}$.

(2) $A \star B = \lim_{t \to 0} \dfrac{e^{tA} \otimes e^{tB} - I_{mn}}{t}$.

［証明］

(1)

$$e^{tA} = \sum_{k=0}^{\infty} \frac{t^k A^k}{k!}$$

および

$$e^{tB} = \sum_{k=0}^{\infty} \frac{t^k B^k}{k!}$$

より

$$\begin{aligned}
e^{tA} \otimes e^{tB} &= \left(\sum_{k_1=0}^{\infty} \frac{t^{k_1} A^{k_1}}{k_1!} \right) \otimes \left(\sum_{k_2=0}^{\infty} \frac{t^{k_2} B^{k_2}}{k_2!} \right) \\
&= \sum_{k=0}^{\infty} \frac{t^k}{k!} \left(\sum_{k_1+k_2=k} \frac{k!}{k_1! k_2!} A^{k_1} \otimes B^{k_2} \right) \\
&= \sum_{k=0}^{\infty} \frac{t^k}{k!} \left(\sum_{j=0}^{k} \begin{pmatrix} k \\ j \end{pmatrix} A^j \otimes B^{k-j} \right) \\
&= \sum_{k=0}^{\infty} \frac{t^k}{k!} (A \star B)^k \\
&= e^{t(A \star B)}
\end{aligned}$$

となる．ここで，

$$(A \star B)^k = \sum_{j=0}^{k} \begin{pmatrix} k \\ j \end{pmatrix} A^j \otimes B^{k-j}$$

を用いたが，

$$A \star B = A \otimes I_n + I_m \otimes B$$

において，$A \otimes I_n$ と $I_m \otimes B$ が可換なこと——実際，

$$\begin{aligned}
(A \otimes I_n)(I_m \otimes B) &= A \otimes B, \\
(I_m \otimes B)(A \otimes I_n) &= A \otimes B
\end{aligned}$$

である——から，“2項展開” ができて

$$\begin{aligned}
(A \star B)^k &= (A \otimes I_n + I_m \otimes B)^k \\
&= \sum_{j=0}^{k} \begin{pmatrix} k \\ j \end{pmatrix} (A \otimes I_n)^j (I_m \otimes B)^{k-j} \\
&= \sum_{j=0}^{k} \begin{pmatrix} k \\ j \end{pmatrix} (A^j \otimes I_n)(I_m \otimes B^{k-j})
\end{aligned}$$

$$= \sum_{j=0}^{k} \begin{pmatrix} k \\ j \end{pmatrix} A^j \otimes B^{k-j}$$

となるのである．

(2)　(1) より

$$\begin{aligned}
\lim_{t\to 0} \frac{e^{tA} \otimes e^{tB} - I_{mn}}{t} &= \lim_{t\to 0} \frac{e^{t(A\star B)} - I_{mn}}{t} \\
&= \lim_{t\to 0} \sum_{k=1}^{\infty} \frac{t^{k-1}}{k!} (A \star B)^k \\
&= A \star B
\end{aligned}$$

とわかる．また，(1) を使わなくても

$$\frac{e^{tA} \otimes e^{tB} - I_{mn}}{t} = \left(\frac{e^{tA} - I_m}{t}\right) \otimes e^{tB} + I_m \otimes \left(\frac{e^{tB} - I_n}{t}\right)$$

と変形して

$$\begin{aligned}
\lim_{t\to 0} \frac{e^{tA} - I_m}{t} &= A, \\
\lim_{t\to 0} \frac{e^{tB} - I_n}{t} &= B, \\
\lim_{t\to 0} e^{tB} &= I_n
\end{aligned}$$

を用いれば

$$\begin{aligned}
\lim_{t\to 0} \frac{e^{tA} \otimes e^{tB} - I_{mn}}{t} &= A \otimes I_n + I_m \otimes B \\
&= A \star B
\end{aligned}$$

と示すことができる．

[証明終]

3.3　絶対ゼータ関数

絶対ゼータ関数の一般論やさまざまな例は第Ⅲ部を読んでもらうことにして，ここでは必要な定式化だけをしよう．それには，関数

$$f:\mathbb{R}\longrightarrow\mathbb{C}$$

に対するゼータ関数 $\zeta_f(s)$ を考えればよい．正方行列 A の実数ゼータ関数 $\zeta_A^{\mathbb{R}}(s)$ の場合は

$$f_A(t)=\mathrm{tr}(e^{tA})$$

として

$$\zeta_A^{\mathbb{R}}(s)=\zeta_{f_A}(s)$$

とすればよい．

さて，ゼータ関数 $\zeta_f(s)$ をどう作ればよいだろうか．確かに，関数 f のゼータ関数なんて，行列の実数ゼータ関数のようにリーマン予想を証明できるようなものを耳にしたことはなかったものである．

それに答えたのが，次の絶対ゼータ関数の構成である．ただし，収束性や解析性は仮定しておく．

絶対ゼータ関数（黒川）

関数 $f:\mathbb{R}\longrightarrow\mathbb{C}$ に対して

$$Z_f(w,s)=\frac{1}{\Gamma(w)}\int_0^\infty f(t)e^{-st}t^{w-1}dt$$

とおいて，絶対ゼータ関数を

$$\zeta_f(s)=\exp\left(\frac{\partial}{\partial w}Z_f(w,s)\bigg|_{w=0}\right)$$

とする．

このように構成する理由は第Ⅲ部を読まれたい．ここでは，正方行列 A から

作られる関数

$$f_A(t) = \mathrm{tr}(e^{tA})$$

の場合——その絶対ゼータ関数が $\zeta_A^{\mathbb{R}}(s)$ である——にどうなるか見ておこう.

定理 3.4

正方行列 A に対して

$$f_A(t) = \mathrm{tr}(e^{tA})$$

とすると

$$\zeta_{f_A}(s) = \det(s-A)^{-1}$$

が成立する.

[証明]

A の固有値を $\alpha_1, \ldots, \alpha_n$ とすると

$$f_A(t) = e^{\alpha_1 t} + \cdots + e^{\alpha_n t}$$

である. このとき,

$$\begin{aligned} Z_{f_A}(w,s) &= \frac{1}{\Gamma(w)} \int_0^\infty (e^{\alpha_1 t} + \cdots + e^{\alpha_n t}) e^{-st} t^{w-1} dt \\ &= \sum_{k=1}^n \frac{1}{\Gamma(w)} \int_0^\infty e^{-(s-\alpha_k)t} t^{w-1} dt \end{aligned}$$

となるが, ガンマ関数の積分表示により

$$\frac{1}{\Gamma(w)} \int_0^\infty e^{-(s-\alpha_k)t} t^{w-1} dt = (s-\alpha_k)^{-w}$$

となる. よって,

$$Z_{f_A}(w,s)=\sum_{k=1}^{n}(s-\alpha_k)^{-w}$$

から

$$\begin{aligned}\zeta_{f_A}(s)&=\exp\left(\frac{\partial}{\partial w}Z_{f_A}(w,s)\Big|_{w=0}\right)\\&=\prod_{k=1}^{n}(s-\alpha_k)^{-1}\\&=\det(s-A)^{-1}\end{aligned}$$

となる．

［証明終］

ゼータ関数に $\mathbb{R}$ を付けていた理由を説明しておこう．それには，（連続）ユニタリ表現

$$\rho:\mathbb{R}\longrightarrow GL_n(\mathbb{C})$$

に対するゼータ関数 $\zeta_\rho^{\mathbb{R}}(s)$ を考えるとよい．

定理 3.5

（連続）ユニタリ表現

$$\rho:\mathbb{R}\longrightarrow GL_n(\mathbb{C})$$

に対して

$$f_\rho(t)=\mathrm{tr}(\rho(t))$$

とし，

$$\zeta_\rho^{\mathbb{R}}(s)=\zeta_{f_\rho}(s)$$

とすると，次が成り立つ．

(1) [行列式表示]

$$\zeta_\rho^{\mathbb{R}}(s) = \det(s - D_\rho)^{-1}.$$

ここで,

$$D_\rho = \lim_{t \to 0} \frac{\rho(t) - 1}{t}$$

は歪エルミート行列である.

(2) [関数等式]

$$\zeta_\rho^{\mathbb{R}}(-s) = (-1)^n \zeta_{\overline{\rho}}^{\mathbb{R}}(s).$$

(3) [リーマン予想]

$$\zeta_\rho^{\mathbb{R}}(s) = \infty \quad \text{ならば} \quad \mathrm{Re}(s) = 0.$$

[証明]

(1) 表現 ρ を既約分解すると,n 個の連続ユニタリ指標(1 次元ユニタリ表現)

$$\chi_k : \mathbb{R} \longrightarrow GL_1(\mathbb{C}) \quad (k = 1, \ldots, n)$$

の直和になる:

$$\rho \cong \chi_1 \oplus \cdots \oplus \chi_n.$$

ここで,純虚数 α_k によって

$$\chi_k(t) = e^{\alpha_k t}$$

と書ける.したがって,ユニタリ共役によって

$$\rho(t) \cong \begin{pmatrix} \chi_1(t) & & O \\ & \ddots & \\ O & & \chi_n(t) \end{pmatrix}$$

より

$$D_\rho \cong \lim_{t\to 0}\begin{pmatrix} \dfrac{\chi_1(t)-1}{t} & & O \\ & \ddots & \\ O & & \dfrac{\chi_n(t)-1}{t} \end{pmatrix}$$
$$= \lim_{t\to 0}\begin{pmatrix} \dfrac{e^{\alpha_1 t}-1}{t} & & O \\ & \ddots & \\ O & & \dfrac{e^{\alpha_n t}-1}{t} \end{pmatrix}$$
$$= \begin{pmatrix} \alpha_1 & & O \\ & \ddots & \\ O & & \alpha_n \end{pmatrix}$$

となり，D_ρ は歪エルミート行列である．

よって，

$$\zeta_\rho^{\mathbb{R}}(s) = \det(s - D_\rho)^{-1}$$

である．

(2), (3) は (1) の行列式表示から直接示しても簡単であるが，定理 3.1 の状況において $A = D_\rho$ とすると

$$\zeta_\rho^{\mathbb{R}}(s) = \zeta_A^{\mathbb{R}}(s)$$

となることから従う．

[証明終]

絶対ゼータ関数の導入によって，テンソル積構造も見通しの良いものになることは，関数

$$f_k : \mathbb{R} \longrightarrow \mathbb{C} \quad (k = 1, \ldots, r)$$

に対して期待される構造

$$
\text{『}\zeta_{f_k}(s_k) = 0, \infty \quad (k = 1, \ldots, r) \\
\Longrightarrow \quad \zeta_{f_1 \otimes \cdots \otimes f_r}(s_1 + \cdots + s_r) = 0, \infty\text{』}
$$

を考えるとわかる．ここで，

$$
(f_1 \otimes \cdots \otimes f_r)(t) = f_1(t) \cdots f_r(t)
$$

である．

たとえば，$\mathbb{R}$ のユニタリ表現 ρ_1, ρ_2 に対して

$$
\text{『}\zeta^{\mathbb{R}}_{\rho_1}(s_1) = \infty,\ \zeta^{\mathbb{R}}_{\rho_2}(s_2) = \infty \\
\Longrightarrow \quad \zeta^{\mathbb{R}}_{\rho_1 \otimes \rho_2}(s_1 + s_2) = \infty\text{』}
$$

が成り立つのは，

$$
f_k(t) = \mathrm{tr}(\rho_k(t)) \quad (k = 1, 2)
$$

の例である．とくに，

$$
D_{\rho_1 \otimes \rho_2} = D_{\rho_1} \star D_{\rho_2}
$$

に注意されたい．r 個の表現 $\rho_1, \ldots, \rho_r$ の場合も全く同様である．

もう一つ例を挙げておこう．いま，$k = 1, \ldots, r$ に対して

$$
f_k(t) = \frac{1}{1 - e^{-\omega_k t}} \quad (\omega_k > 0)
$$

とする．このとき，絶対ゼータ関数は多重ガンマ関数によって

$$
\zeta_{f_k}(s) = \Gamma_1(s, (\omega_k)), \\
\zeta_{f_1 \otimes \cdots \otimes f_r}(s) = \Gamma_r(s, (\omega_1, \ldots, \omega_r))
$$

と書くことができる．これらは有理型関数であり，零点をもたない．さらに，

$$
\zeta_{f_k}(s) = \infty \quad \Longleftrightarrow \quad s = -n\omega_k \quad (n \in \mathbb{Z}_{\geqq 0})
$$

となる．また，

$$\zeta_{f_1\otimes\cdots\otimes f_r}(s)=\infty \iff s=-(n_1\omega_1+\cdots+n_r\omega_r) \quad (n_1,\ldots,n_r\in\mathbb{Z}_{\geqq 0})$$

となることがわかる．したがって，テンソル積構造

$$『\zeta_{f_k}(s_k)=\infty \quad (k=1,\ldots,r) \implies \zeta_{f_1\otimes\cdots\otimes f_r}(s_1+\cdots+s_r)=\infty』$$

が成り立つ．証明の詳細は

　黒川信重『現代三角関数論』岩波書店，2013年

を読むと簡単にわかる．このように，絶対ゼータ関数は多重ガンマ関数にまで及ぶのである．

本章の終わりに，次の膨大な領域を指摘しておこう．それは，群 G に対して，$\mathbb{R}$ からの準同型（1パラメーター部分群）

$$\begin{array}{ccc} \mathbb{R} & \longrightarrow & G \\ \Psi & & \Psi \\ t & \longmapsto & [t] \end{array}$$

があるとき——それは，数え尽くすのが困難なほど多い——に，G の表現（無限次元でもよい）ρ に対して

$$f_\rho(t)=\mathrm{tr}(\rho([t]))$$

とおいて（これは，一般化された“指標関数”の意味でよい），絶対ゼータ関数

$$\zeta_\rho^G(s)=\zeta_{f_\rho}(s)$$

を考えることである．この数世紀かかる問題に挑戦されたい．もちろん，本書の第Ⅲ部第9章の「絶対ゼータ関数」を読んでから出発して欲しい．

第Ⅱ部
リーマンと先達

第Ⅱ部ではリーマンの数論研究の開花に至るまでの数学の歴史を，ゼータ関数の周辺に限定して辿る．

リーマンの研究といえども，先達の研究成果を背景としている．それは，2500年前のギリシア時代のピタゴラス学派による素数研究にはじまる．その後は，1350年頃のオレーム（フランス），1400年頃のマーダヴァ（インド）と続き，1730年代からのオイラー（スイスからロシア）の研究に至る．ここでオイラーはゼータ関数の主だった性質を発見してしまったのである．さらに，19世紀に入るとディリクレの研究が大きい．ディリクレはリーマンの師である．リーマンはディリクレのはじめた解析数論を複素関数論を用いて深めたのである．それが結実したものが，1859年のリーマンの論文であり，ゼータ関数の解析接続と関数等式の証明を与え，素数公式を導き，リーマン予想を提出するという，画時代的なものとなった．

第Ⅱ部を通して，数論の大いなる流れを感じてもらえればうれしい．

第4章
オイラー以前

本章ではピタゴラスからオイラーまでのゼータ関数論を見る．話をわかりやすくするために，3つのゼータ関数記号

$$P(s)=\sum_{p:\text{素数}} p^{-s},$$
$$\zeta(s)=\sum_{n=1}^{\infty} n^{-s},$$
$$L(s)=\sum_{n:\text{奇数}} (-1)^{\frac{n-1}{2}} n^{-s}$$

を使って，進歩の要点を説明しておこう：

・ピタゴラス学派（BC 500）：$P(0)=\infty$

・オレーム（1350）：$\zeta(1)=\infty$

・マーダヴァ（1400）：$L(1)=\frac{\pi}{4}$

・オイラー（1737）：$P(1)=\infty$.

4.1 ピタゴラス

ピタゴラスは紀元前500年頃のギリシア時代に，ピタゴラス学校をクロトンに設立した．「ピタゴラス学校」とは，現在の感覚からすると「ピタゴラス研究所」と呼ぶのがふさわしい．学ぶだけではなく研究に力を入れていたのである．研究なくして教育はないのは昔も今も変わらない．

さらに，「ピタゴラス学校」は，もともと，クロトンの一校のみである．クロトンは現在のギリシアではなく，イタリアにあった．イタリア半島の南岸のクロ

トーネという港町がその場所であり，長い海岸線の美しいところである．

ピタゴラス学派の研究成果は，現在では，ユークリッド『原論』(BC 300 頃)に記録されて伝わっている．特に，素数が無限個存在するという事実を証明していたことは特筆に価する．その方法は

$$2 \to 3 \to 7 \to 43 \to 13 \to 53 \to 5 \to 6221671 \to \cdots$$

と次々に新しい素数を作りだして見せる，というものである．ここで，素数列

$$p_1 = 2,\ p_2 = 3,\ p_3 = 7,\ p_4 = 43,\ p_5 = 13,\ p_6 = 53,\ p_7 = 5, \ldots$$

は

「p_n は $p_1 \times \cdots \times p_{n-1} + 1$ の最小素因子」

という規則で構成するのである：

$$\begin{aligned} 2 + 1 &= 3, \\ 2 \times 3 + 1 &= 7, \\ 2 \times 3 \times 7 + 1 &= 43, \\ 2 \times 3 \times 7 \times 43 + 1 &= 1807 = \underline{\underline{13}} \times 139, \\ 2 \times 3 \times 7 \times 43 \times 13 + 1 &= 23479 = \underline{\underline{53}} \times 443, \\ 2 \times 3 \times 7 \times 43 \times 13 \times 53 + 1 &= 1244335 = \underline{\underline{5}} \times 248867. \\ &\vdots \end{aligned}$$

未解決の問題 1

$$2 \to 3 \to 7 \to 43 \to 13 \to 53 \to 5 \to \cdots$$

にはすべての素数が現れるか？

なお，はじめる素数は2でなくても何でもよいので

$$
\begin{aligned}
&3 \to 2 \to 7 \to 43 \to 13 \to 53 \to 5 \to \cdots, \\
&5 \to 2 \to 11 \to 3 \to 331 \to \cdots, \\
&17 \to 2 \to 5 \to 3 \to 7 \to 3571 \to 31 \\
&\quad \to 395202571 \to 13 \to 29 \to 137 \to \cdots, \\
&99109 \to 2 \to 3 \to 5 \to 7 \to 11 \to 13 \to \cdots
\end{aligned}
$$

などとなる．リーマン歿後150年の2016年7月20日にちなんで8ケタの数20160720の素因数分解

$$20160720 = 2^4 \cdot 3^2 \cdot 5 \cdot 28001$$

に現れる素数からはじめると2，3，5は済んだので

$$28001 \to 2 \to 56003 \to 3 \to \cdots$$

を得る．

また，素数の作り方の法則は上のものに限らなくてもよい．たとえば

$$3 \to 5 \to 17 \to 257 \to 65537 \to 641 \to \cdots$$

の素数列

$$q_1 = 3,\ q_2 = 5,\ q_3 = 17,\ q_4 = 257,\ q_5 = 65537,\ q_6 = 641, \ldots$$

の構成法は

「q_n は $q_1 \times \cdots \times q_{n-1} + 2$ の最小素因子」

である．q_1，q_2，q_3，q_4，q_5 は有名なフェルマー素数（$k = 1, 2, 3, 4, 5$ に対して正 q_k 角形は作図可能）であり，

$$q_n = 2^{2^{n-1}} + 1$$

となっている．ただし，q_6 は

$$2^{2^5}+1=2^{32}+1=4294967297=641\times 6700417$$

の最小素因子 641 であり，オイラーが発見したものである（正 641 角形も正 $2^{32}+1$ 角形も作図不可能）.

未解決問題 2

$$3\to 5\to 17\to 257\to 65537\to 641\to\cdots$$

にはすべての奇素数が現れるか？

このように，素数の素朴な構成法にも，現在まで未解決の難問は存在するのである.

4.2　オレーム

オレームはフランスの哲学者であり，1350 年頃に自然数の逆数和が無限大であることを証明した：

$$1+\frac{1}{2}+\frac{1}{3}+\frac{1}{4}+\frac{1}{5}+\frac{1}{6}+\frac{1}{7}+\cdots=\infty.$$

その証明は，次の通り明快である：

$$\begin{aligned}
&1+\frac{1}{2}+\frac{1}{3}+\frac{1}{4}+\frac{1}{5}+\frac{1}{6}+\frac{1}{7}+\frac{1}{8}\\
&\quad+\frac{1}{9}+\frac{1}{10}+\frac{1}{11}+\frac{1}{12}+\frac{1}{13}+\frac{1}{14}+\frac{1}{15}+\frac{1}{16}+\cdots\\
&\quad=1+\left(\frac{1}{2}\right)+\left(\frac{1}{3}+\frac{1}{4}\right)\\
&\qquad+\left(\frac{1}{5}+\frac{1}{6}+\frac{1}{7}+\frac{1}{8}\right)+\left(\frac{1}{9}+\cdots+\frac{1}{16}\right)+\cdots\\
&\quad>1+\left(\frac{1}{2}\right)+\left(\frac{1}{4}+\frac{1}{4}\right)\\
&\qquad+\left(\frac{1}{8}+\frac{1}{8}+\frac{1}{8}+\frac{1}{8}\right)+\left(\frac{1}{16}+\cdots+\frac{1}{16}\right)+\cdots
\end{aligned}$$

$$= 1 + \boxed{\frac{1}{2}} + \boxed{\frac{1}{2}} + \boxed{\frac{1}{2}} + \boxed{\frac{1}{2}} + \cdots$$
$$= \infty.$$

このやり方を使えば

$$\sum_{n=1}^{2^N} \frac{1}{n} \geqq 1 + \frac{N}{2} \quad (N = 1, 2, 3, \ldots)$$

が示せる．現代では

$$\begin{aligned}\sum_{n=1}^{2^N} \frac{1}{n} &= \log(2^N) + \gamma + o(1) \\ &= N \log 2 + \gamma + o(1)\end{aligned}$$

が知られている（オイラーによる）．ここで，

$$\begin{aligned}\gamma &= \lim_{n\to\infty} \left(1 + \frac{1}{2} + \cdots + \frac{1}{n} - \log n\right) \\ &= 0.577\cdots\end{aligned}$$

はオイラー定数である．

なお，

$$\log 2 = 0.693\cdots$$

なので，オレームの係数 $\frac{1}{2} = 0.5$ はかなり良い値である．しかも，数値計算では

$$1 + \frac{1}{2} + \frac{1}{3} + \frac{1}{4} + \frac{1}{5} + \frac{1}{6} + \frac{1}{7} + \cdots$$

が無限大に発散するとは（現代の最先端のコンピュータを使っても）想像できないので，論理の力によって無限大とわかるのである．

もちろん，オレームの結果は，ゼータ関数

$$\zeta(s)=\sum_{n=1}^{\infty}n^{-s}$$

の話では

$$\zeta(1)=\infty$$

を意味している.

4.3　マーダヴァ

マーダヴァは1350年頃にインドに生まれた数学者・天文学者である．インド南部のケララ学派に属していた．マーダヴァの成果として特に有名なものは

$$1-\frac{1}{3}+\frac{1}{5}-\frac{1}{7}+\frac{1}{9}-\frac{1}{11}+\cdots=\frac{\pi}{4}$$

という級数の値を円周率 π によって求めたことである（1400年頃）．ゼータ関数の特殊値が π に結びついた最初である.

マーダヴァは三角関数の級数展開の研究にすぐれていて，

$$\sin x=\sum_{n=0}^{\infty}\frac{(-1)^n x^{2n+1}}{(2n+1)!},$$

$$\tan^{-1}x=\sum_{n=0}^{\infty}\frac{(-1)^n x^{2n+1}}{2n+1}$$

などを示していた．後者は

$$x=\sum_{n=0}^{\infty}\frac{(-1)^n(\tan x)^{2n+1}}{2n+1}$$

と書いても同じことである．この形なら $x=\frac{\pi}{4}$ とおくと $\tan\frac{\pi}{4}=1$ より

$$\frac{\pi}{4} = \sum_{n=0}^{\infty} \frac{(-1)^n}{2n+1}$$
$$= 1 - \frac{1}{3} + \frac{1}{5} - \frac{1}{7} + \frac{1}{9} - \cdots$$

というはじめのマーダヴァ級数を得る．

念のため，高校数学でよく出てくる方法によって計算を確認しておこう．そのために，$N \geqq 1$ に対して，定積分

$$I_N = \int_0^1 \frac{1+(-1)^{N-1}x^{2N}}{1+x^2}dx$$

を考える．ここで，

$$\frac{1+(-1)^{N-1}x^{2N}}{1+x^2} = \frac{1-(-x^2)^N}{1-(-x^2)}$$
$$= 1 - x^2 + x^4 - \cdots + (-1)^{N-1}x^{2N-2}$$

となるので

$$I_N = \int_0^1 (1 - x^2 + x^4 - \cdots + (-1)^{N-1}x^{2N-2})dx$$
$$= 1 - \frac{1}{3} + \frac{1}{5} - \cdots + \frac{(-1)^{N-1}}{2N-1}$$

である．一方，

$$I_N = \int_0^1 \frac{dx}{1+x^2} + (-1)^{N-1}\int_0^1 \frac{x^{2N}}{1+x^2}dx$$

において，第一の定積分は $x = \tan\theta$ とおきかえることにより

$$\int_0^1 \frac{dx}{1+x^2} = \int_0^{\frac{\pi}{4}} d\theta$$
$$= \frac{\pi}{4}$$

と求まるので，

$$I_N - \frac{\pi}{4} = (-1)^{N-1}\int_0^1 \frac{x^{2N}}{1+x^2}dx$$

となる．したがって，

$$\begin{aligned}\left|I_N - \frac{\pi}{4}\right| &\leqq \int_0^1 \frac{x^{2N}}{1+x^2}dx \\ &\leqq \int_0^1 x^{2N}dx \\ &= \frac{1}{2N+1}\end{aligned}$$

より

$$\lim_{N\to\infty} I_N = \frac{\pi}{4}$$

となり，マーダヴァの結果

$$1-\frac{1}{3}+\frac{1}{5}-\frac{1}{7}+\frac{1}{9}-\cdots=\frac{\pi}{4}$$

が再現できた．

ところで，この級数は伝統的に，ライプニッツ級数やグレゴリー級数と呼ばれてきた．これは，ライプニッツ（ドイツ）およびグレゴリー（イギリス）の1670年代の研究から来ている．その頃は，インドのマーダヴァが300年近く前に同じ級数を既に得ていたことが西洋には伝わっていなかったからである．しかも，ライプニッツとグレゴリーは1，2年の違いで先取権争いをしていたのであるから，地球を見ていると多様な時間が流れていたことを改めて強く感ずる．もちろん，数学史から見ると命名はマーダヴァ級数ということになる．

マーダヴァの結果をゼータ関数の話に直すと，

$$\begin{aligned}L(s) &= \sum_{n:\text{奇数}} (-1)^{\frac{n-1}{2}} n^{-s} \\ &= \sum_{n=0}^{\infty} (-1)^n (2n+1)^{-s}\end{aligned}$$

に対する特殊値表示

$$L(1) = \frac{\pi}{4}$$

となる．ただし，これは，$L(s)$ を絶対収束域 $\mathrm{Re}(s) > 1$ から $\mathrm{Re}(s) \leqq 1$ へと解析接続した値と考えるのがゼータ関数論としては正しい解釈である．

付け加えておくと

$$1 - \frac{1}{3} + \frac{1}{5} - \frac{1}{7} + \frac{1}{9} - \cdots$$

は絶対収束級数でなく，条件収束級数であって，項の順番を変えると一般に値も変わるので注意して足さないといけないのである．

4.4 オイラー

オイラーは 1707 年 4 月 15 日にスイスに生まれた．ベルヌイ一族の数学環境で育ったが，20 歳になった 1727 年にロシアのサンクトペテルブルク学士院に乞われて移住した．生涯のほとんど（一時期ベルリンに移動）をサンクトペテルブルクで過ごし，1783 年 9 月 18 日に，そこで亡くなった．オイラーの墓はサンクトペテルブルクにある．

オイラーの数学的業績は『オイラー全集』の第 I シリーズに 29 巻（30 冊）が出版されている．『オイラー全集』は物理学や音楽などの論文も含んで 80 巻近くになっているが，出版完了までには，まだまだ時間が必要である．

オイラーは多産な研究者であり，しかも，オイラーの発見した数式の美しさには目を奪われる．ゼータ関数関係の数式は 4.5 節で述べることにし，ここでは，『オイラー全集』 I -14 巻所収の論文「発散級数」（1760 年）にある次の式だけを挙げておこう：

$$0! - 1! + 2! - 3! + 4! - 5! + 6! - 7! + \cdots$$

$$= \cfrac{1}{1+\cfrac{1}{1+\cfrac{1}{1+\cfrac{2}{1+\cfrac{2}{1+\cfrac{3}{1+\cfrac{3}{1+\cfrac{4}{1+\cfrac{4}{1+\cfrac{5}{1+\cfrac{5}{\ddots}}}}}}}}}}}$$

$$= 0.59637\cdots,$$

$$1 - 1!x + 2!x^2 - 3!x^3 + 4!x^4 - \cdots$$

$$= \cfrac{1}{1+\cfrac{x}{1+\cfrac{x}{1+\cfrac{2x}{1+\cfrac{2x}{1+\cfrac{3x}{1+\cfrac{3x}{1+\cfrac{4x}{1+\cfrac{4x}{1+\cfrac{5x}{1+\cfrac{5x}{\ddots}}}}}}}}}}},$$

$$1 - 1 + 1\cdot 3 - 1\cdot 3\cdot 5 + 1\cdot 3\cdot 5\cdot 7 - \cdots$$

$$= \cfrac{1}{1+\cfrac{2}{1+\cfrac{3}{1+\cfrac{4}{1+\cfrac{5}{\ddots}}}}},$$

$$x - 1\cdot x^3 + 1\cdot 3\cdot x^5 - 1\cdot 3\cdot 5\cdot x^7 + 1\cdot 3\cdot 5\cdot 7\cdot x^9 - \cdots$$
$$= \cfrac{x}{1+\cfrac{1x^2}{1+\cfrac{2x^2}{1+\cfrac{3x^2}{1+\cfrac{4x^2}{1+\cfrac{5x^2}{\ddots}}}}}}.$$

4.5 オイラーのゼータ関数論

オイラーのゼータ関数論の主なる成果を年代順に6つ挙げておこう．

(1) 1735年 『オイラー全集』I-14巻，73-86ページ

$\zeta(s)$ の正の偶数における値を求めた：

$$\zeta(2)=\frac{\pi^2}{6},\quad \zeta(4)=\frac{\pi^4}{90},\quad \zeta(6)=\frac{\pi^6}{945},\quad \zeta(8)=\frac{\pi^8}{9450},\cdots.$$

一般には，$n=1,2,3,\ldots$ に対して

$$\zeta(2n)=\pi^{2n}\times(\text{有理数})$$

という表示を与えている．ここの有理数部分はベルヌイ数によって書くことができる．

(2) 1737年 『オイラー全集』I-14巻，216-244ページ

オイラー積表示

$$\zeta(s)=\prod_{p:\text{素数}}(1-p^{-s})^{-1}$$

を発見した．とくに，

$$\prod_{p:\text{素数}}\frac{p^2+1}{p^2-1}=\frac{5}{2}$$

を示した．また，オイラー積表示において $s \to 1$ とすることにより

$$\sum_{p:\text{素数}} \frac{1}{p} = \frac{1}{2} + \frac{1}{3} + \frac{1}{5} + \frac{1}{7} + \frac{1}{11} + \cdots$$
$$= \infty$$

を証明した．これは，ギリシア時代の成果であった「素数は無限個存在する」（つまり $P(0) = \infty$）を約2000年振りに超える結果（つまり $P(1) = \infty$）であった．

(3)　1749年　『オイラー全集』Ｉ-15巻，70-90ページ

関数等式

$$\zeta(1-s) = \zeta(s)2(2\pi)^{-s}\Gamma(s)\cos\left(\frac{\pi s}{2}\right)$$

を発見した．ここで，$\Gamma(s)$ はガンマ関数（1729年にオイラーが発見）である．

この目的のために，オイラーは発散級数の和

$$“1^0 + 2^0 + 3^0 + 4^0 + \cdots” = -\frac{1}{2},$$
$$“1^1 + 2^1 + 3^1 + 4^1 + \cdots” = -\frac{1}{12},$$
$$“1^2 + 2^2 + 3^2 + 4^2 + \cdots” = 0,$$
$$“1^3 + 2^3 + 3^3 + 4^3 + \cdots” = \frac{1}{120},$$
$$“1^4 + 2^4 + 3^4 + 4^4 + \cdots” = 0$$

などを求めて

$$-\frac{1}{2} = \zeta(0) \quad \longleftrightarrow \quad \zeta(1) = \infty$$
$$-\frac{1}{12} = \zeta(-1) \quad \longleftrightarrow \quad \zeta(2) = \frac{\pi^2}{6}$$
$$[\zeta'(-2) \quad \longleftrightarrow \quad \zeta(3)]$$

$$\frac{1}{120} = \zeta(-3) \quad \longleftrightarrow \quad \zeta(4) = \frac{\pi^4}{90}$$
$$[\zeta'(-4) \quad \longleftrightarrow \quad \zeta(5)]$$
$$\vdots$$

という対応を示したのである．なお，オイラーは正確に認識して明記しているのであるが，値の対応としては，$\zeta(-2) = 0 \longleftrightarrow \zeta(3)$ ではなく，$\zeta'(-2) \longleftrightarrow \zeta(3)$ であり，

$$\zeta'(-2) = -\frac{\zeta(3)}{4\pi^2}$$

となる．

この関数等式は，リーマンが 1859 年に $\zeta(s)$ に複素関数としての解析接続を行うと同時に確実な証明を与えることになる．

(4)　1769 年　『オイラー全集』 I -15 巻，112 ページ

積分表示

$$\zeta(s) = \frac{1}{\Gamma(s)} \int_0^1 \frac{\left(\log \frac{1}{x}\right)^{s-1}}{1-x} dx$$

を発見した．これは，$x = e^{-t}$ とおきかえると

$$\zeta(s) = \frac{1}{\Gamma(s)} \int_0^\infty \frac{t^{s-1}}{e^t - 1} dt$$

となり，1859 年にリーマンが活用することになる．

(5)　1772 年　『オイラー全集』 I -15 巻，150 ページ

$$\zeta(3) = \frac{8}{7}\left(\frac{\pi^2}{4}\log 2 + 2\int_0^{\frac{\pi}{2}} x \log(\sin x) dx\right)$$

を証明した．これは，20 世紀になって多重三角関数論（黒川）により

$$\zeta(3) = \frac{16\pi^2}{3} \log\left(S_3\left(\frac{3}{2}\right)^{-1} 2^{-\frac{1}{8}}\right)$$

という形に書き直された．ここで，$S_3\left(\frac{3}{2}\right)$ は3重三角関数の中心値である（黒川信重『現代三角関数論』岩波書店，2013年，p. 151）．

(6)　1775年　『オイラー全集』I-4巻，146-162ページ

$$\sum_{p\equiv 1 \bmod 4} \frac{1}{p} = \frac{1}{5} + \frac{1}{13} + \frac{1}{17} + \frac{1}{29} + \cdots = \infty,$$

$$\sum_{p\equiv 3 \bmod 4} \frac{1}{p} = \frac{1}{3} + \frac{1}{7} + \frac{1}{11} + \frac{1}{19} + \cdots = \infty$$

を証明した．さらに，

$$\begin{aligned}\sum_{p\equiv 1 \bmod 100} \frac{1}{p} &= \frac{1}{101} + \frac{1}{401} + \frac{1}{601} + \frac{1}{701} \\ &\quad + \frac{1}{1201} + \frac{1}{1301} + \frac{1}{1601} + \frac{1}{1801} + \frac{1}{1901} + \cdots \\ &= \infty\end{aligned}$$

を予想した．これは1837年にディリクレが，より一般に証明することになる．

オイラーについて2点補充しておこう．それは，オイラー積表示（2）と素数定理（6）である．まず，（2）においては，オイラー積表示の等式とは $s > 1$ に対する

$$\zeta(s) = \sum_{n=1}^{\infty} \frac{1}{n^s} = \prod_{p:\text{素数}} \frac{1}{1-\frac{1}{p^s}}$$

であった．この形の素数にわたる積への分解は自然数の素因数分解を解析的に表したものになっている．数学において，「因数分解」は「展開」よりは難しいのが普通であり，このゼータ関数の「因数分解」の場合でもそうである．実際，$\zeta(s)$ を自然数の和の形から分解しようとする発想はオイラーのような人にしか浮ばないが，素数に関する無限積を展開して自然数に関する無限和にすることは誰でもできる：

$$\prod_{p:\text{素数}}(1-p^{-s})^{-1} = (1-2^{-s})^{-1}(1-3^{-s})^{-1}(1-5^{-s})^{-1}(1-7^{-s})^{-1}\times\cdots$$
$$= (1+2^{-s}+4^{-s}+8^{-s}+\cdots)(1+3^{-s}+9^{-s}+\cdots)$$
$$\times(1+5^{-s}+25^{-s}+\cdots)(1+7^{-s}+49^{-s}+\cdots)\times\cdots$$
$$= 1+2^{-s}+3^{-s}+4^{-s}+5^{-s}$$
$$+6^{-s}+7^{-s}+8^{-s}+9^{-s}+10^{-s}+\cdots$$
$$= \sum_{n=1}^{\infty} n^{-s}.$$

この展開においては，公式

$$\frac{1}{1-x} = 1+x+x^2+x^3+\cdots$$

を用いている．また，たとえば 10^{-s} は，展開において

$$10^{-s} = 2^{-s}\times 1\times 5^{-s}\times 1\times 1\times\cdots$$

という形で得られている．素因数分解の一意性により各自然数がちょうど一回ずつ現れるのである．

なお，オイラー積のところで触れた無限積の値

$$\prod_p \frac{p^2+1}{p^2-1} = \frac{5}{2}$$

は

$$\prod_p \frac{p^2+1}{p^2-1} = \prod_p \frac{p^4-1}{(p^2-1)^2}$$
$$= \prod_p \frac{1-p^{-4}}{(1-p^{-2})^2}$$
$$= \frac{\zeta(2)^2}{\zeta(4)}$$

$$= \frac{\left(\frac{\pi^2}{6}\right)^2}{\frac{\pi^4}{90}}$$
$$= \frac{5}{2}$$

とわかる．

次に，素数定理（素数の逆数和）関連に移ろう．この主題は，(2) におけるオイラー積表示

$$\zeta(s) = \prod_{p:\text{素数}} (1 - p^{-s})^{-1}$$

が鍵となる．これを $s > 1$ において考えて，対数をとることにより

$$\log \zeta(s) = \sum_{p:\text{素数}} \sum_{m=1}^{\infty} \frac{1}{m} p^{-ms}$$
$$= \sum_{p:\text{素数}} p^{-s} + \sum_{m=2}^{\infty} \frac{1}{m} \left(\sum_{p:\text{素数}} p^{-ms} \right)$$

と変形する．ここで

$$P(s) = \sum_{p:\text{素数}} p^{-s}$$

の記号を用いれば

$$\log \zeta(s) = P(s) + \sum_{m=2}^{\infty} \frac{1}{m} P(ms)$$

となる．したがって，$s > 1$ に対して，不等式

$$\log \zeta(s) - \sum_{m=2}^{\infty} \frac{1}{m} P(ms) = P(s) < \log \zeta(s)$$

を得る．ここで $s \to 1$ $(s > 1)$ とすることによって，$P(1) = \infty$ を示すのである．

そのために2つの不等式を準備しておく：

(a) $\dfrac{1}{s-1} < \zeta(s) < \dfrac{s}{s-1} \quad (s > 1).$

(b) $0 < \displaystyle\sum_{m=2}^{\infty} \frac{1}{m} P(ms) < 1 \quad (s \geqq 1).$

［(a) の証明］ 上の図から

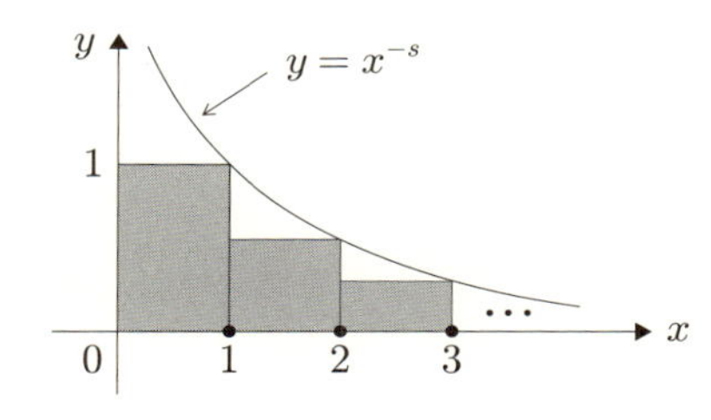

$$\begin{aligned}\zeta(s) &< 1 + \int_1^{\infty} x^{-s} dx \\ &= 1 + \left[\frac{x^{1-s}}{1-s}\right]_1^{\infty} \\ &= \frac{s}{s-1}.\end{aligned}$$

下の図から

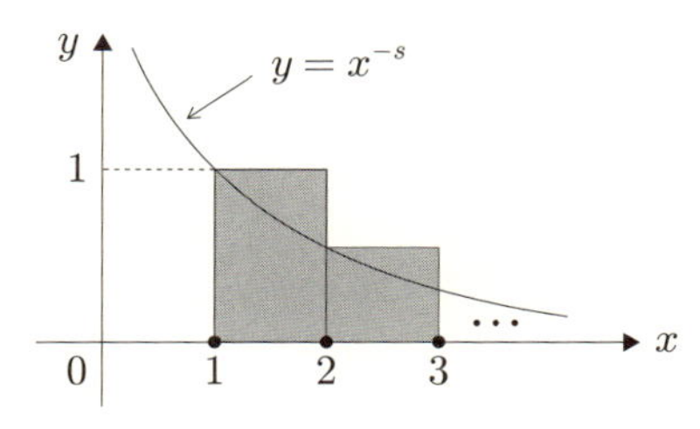

$$\begin{aligned}\zeta(s) &> \int_1^{\infty} x^{-s} dx \\ &= \left[\frac{x^{1-s}}{1-s}\right]_1^{\infty} \\ &= \frac{1}{s-1}.\end{aligned}$$

なお，このタイプの図を用いることもオイラーの創案である．

［(a) の証明終］

［(b) の証明］ $s \geqq 1$ に対して

$$0 < \sum_{m=2}^{\infty} \frac{1}{m} P(ms) \leqq \sum_{m=2}^{\infty} \frac{1}{m} P(m)$$

を用いると，

$$\sum_{m=2}^{\infty} \frac{1}{m} P(m) < 1$$

を示せばよい．ここで，

$$\begin{aligned}\sum_{m=2}^{\infty}\frac{1}{m}P(m) &= \sum_{p:\text{素数}}\sum_{m=2}^{\infty}\frac{1}{m}p^{-m}\\ &< \sum_{p:\text{素数}}\sum_{m=2}^{\infty}p^{-m}\\ &= \sum_{p:\text{素数}}\frac{p^{-2}}{1-p^{-1}}\\ &= \sum_{p:\text{素数}}\frac{1}{p(p-1)}\\ &\leqq \sum_{n=2}^{\infty}\frac{1}{n(n-1)}\\ &= \sum_{n=2}^{\infty}\left(\frac{1}{n-1}-\frac{1}{n}\right)\\ &= 1.\end{aligned}$$

［(b) の証明終］

このようにして，(a)，(b) が示されたのであるから，$s>1$ において

$$\log\left(\frac{1}{s-1}\right)-1<P(s)<\log\left(\frac{s}{s-1}\right)=\log\left(\frac{1}{s-1}\right)+\log s$$

が成立する．したがって，$s\to 1\ (s>1)$ とすることによって

$$\lim_{s\to 1}\frac{P(s)}{\log\left(\dfrac{1}{s-1}\right)}=1$$

となる．とくに，

$$\lim_{s\to 1}P(s)=\infty$$

となって

$$\sum_{p:\text{素数}}\frac{1}{p}=\infty$$

が証明された．

なお，オイラーは (2) の論文にて

$$\sum_{p:\text{素数}} \frac{1}{p} = \log\log\infty$$

と表示している．これは

$$\sum_{p<x} \frac{1}{p} \sim \log\log x$$

と解釈することができる．このことは，x 以下の素数の個数 $\pi(x)$ について "素数定理"

$$\pi(x) \sim \frac{x}{\log x} \quad (x \to \infty)$$

を示唆している．その理由を，やや形式的に，素数の "密度" $\varphi(x)$ を用いて説明しよう．まず，

$$\pi(x) \sim \int_2^x \varphi(t)dt$$

である．一方，

$$\sum_{p<x} \frac{1}{p} \sim \int_2^x \frac{1}{t} \cdot \varphi(t)dt$$

より "微分" して

$$\begin{aligned} \frac{\varphi(x)}{x} &\sim \left(\sum_{p<x} \frac{1}{p}\right)' \\ &\sim (\log\log x)' \\ &= \frac{1}{x\log x}. \end{aligned}$$

よって，

$$\varphi(x) \sim \frac{1}{\log x}.$$

したがって，

$$\pi(x) \sim \int_2^x \frac{dt}{\log t}$$
$$\sim \frac{x}{\log x}$$

となる．

ところで，素数の逆数和は無限大であることはオイラーにより理論的に証明されたのであったが，“充分大の x” に対して和

$$\sum_{p<x} \frac{1}{p}$$

を数値計算しようとしても

$$\frac{1}{2}+\frac{1}{3}+\frac{1}{5}+\frac{1}{7}+\cdots+\frac{1}{18012412300566 00523} = 4.00000000000000000021\cdots$$

程度であり，4 を超えるのが精一杯なのが現状である．つまり，現在のコンピュータでは “充分大の x” までは行けないのである．今世紀中に計算機が発達しても和が 10 を超えることは絶望的である．素数の問題においては，このような点に関して慎重に配慮しないと予測を誤ることが多いので注意されたい．

いよいよ，オイラーの論文 (6) の内容を検討してみよう．これは

$$\sum_{p:\text{素数}} \frac{1}{p} = \infty$$

より精密に

$$\sum_{p\equiv 1 \bmod 4} \frac{1}{p} = \infty,$$
$$\sum_{p\equiv 3 \bmod 4} \frac{1}{p} = \infty$$

を示すのが目標である．そのためには，$\zeta(s)$ だけでなく

$$L(s) = \sum_{n:\text{奇数}} (-1)^{\frac{n-1}{2}} n^{-s}$$

も用いる必要がある．$L(s)$ のオイラー積表示

$$L(s)=\prod_{p:\text{奇素数}}\left(1-(-1)^{\frac{p-1}{2}}p^{-s}\right)^{-1}$$

はオイラーが既に（2）の論文で示している．その対数をとると，$s>1$ において

$$\begin{aligned}\log L(s)&=\sum_{p:\text{奇素数}}\sum_{m=1}^{\infty}\frac{\left((-1)^{\frac{p-1}{2}}\right)^m}{m}p^{-ms}\\&=Q(s)+R(s),\\Q(s)&=\sum_{p:\text{奇素数}}(-1)^{\frac{p-1}{2}}p^{-s},\\R(s)&=\sum_{p:\text{奇素数}}\sum_{m=2}^{\infty}\frac{\left((-1)^{\frac{p-1}{2}}\right)^m}{m}p^{-ms}\end{aligned}$$

となる．ここで，$\log\zeta(s)$ の場合と全く同様にして

$$|R(s)|<1\quad(s\geqq 1)$$

が証明される．そこで，

$$\begin{aligned}\sum_{p\equiv 1 \bmod 4}p^{-s}&=\frac{(P(s)-2^{-s})+Q(s)}{2},\\\sum_{p\equiv 3 \bmod 4}p^{-s}&=\frac{(P(s)-2^{-s})-Q(s)}{2}\end{aligned}$$

であることを用いて，$s\to 1$ $(s>1)$ とすると

$$\begin{aligned}\lim_{s\to 1}P(s)&=\infty,\\\lim_{s\to 1}Q(s)&=\lim_{s\to 1}(\log L(s)-R(s))\\&=\log\frac{\pi}{4}-R(1)\end{aligned}$$

において

$$R(1) = \sum_{p:\text{奇素数}} \sum_{m=2}^{\infty} \frac{\left((-1)^{\frac{p-1}{2}}\right)^m}{m} p^{-m}$$

は有限値に収束することから（$|R(1)| < 1$ である）

$$\sum_{p \equiv 1 \bmod 4} \frac{1}{p} = \infty$$

$$\sum_{p \equiv 3 \bmod 4} \frac{1}{p} = \infty$$

が証明されるのである．

オイラーは

$$\prod_{p:\text{奇素数}} \frac{p - (-1)^{\frac{p-1}{2}}}{p + (-1)^{\frac{p-1}{2}}} = 2$$

を用いて［これ自身は (2) の論文にある］

$$Q(1) = -0.3349816\cdots$$

を示している．実質的に

$$\prod_{p:\text{奇素数}} (1 - (-1)^{\frac{p-1}{2}} p^{-1})^{-1} = \frac{\pi}{4}$$

を用いているその計算法も紹介したいところであるが，今は旅を急ぐのであきらめよう．オイラーの予想

$$\sum_{p \equiv 1 \bmod 100} \frac{1}{p} = \infty$$

などの証明を含めて，続きは第5章のディリクレのところで解説する．また，上に書いたオイラー積の $s = 1$ における話は第Ⅲ部第7章のメルテンスのところで補充しよう．

第5章
ディリクレ

ディリクレはゼータ関数論において，オイラーとリーマンを結ぶ役割を果たしている．ディリクレは1837年に，オイラーの予想（1775年）

$$\sum_{p\equiv 1 \mod 100}\frac{1}{p}=\infty$$

を一般の形にして証明するという見事な成果を挙げた．1737年の，オイラー積の発見と

$$\sum_{p:\text{素数}}\frac{1}{p}=\infty$$

の証明から，ちょうど100年目であった．このディリクレの証明が，解析数論のはじまりと考えられ，1859年のリーマンの研究をうながすことになった．残念ながら，ディリクレはリーマンの1859年の成果を見る直前に亡くなった．本章ではディリクレのゼータ関数論を振り返る．

5.1 ディリクレ

ディリクレは1805年2月13日にフランスに生まれ，1859年5月5日にゲッチンゲン（ドイツ）にて54歳で亡くなった．約1年前から心臓病を患っていたのであった．

ディリクレは1855年にゲッチンゲン大学にてガウス（1777年4月30日—1855年2月23日）の後の教授職を継いだ．1859年にディリクレの後を継いだ

のがリーマンであった．リーマンの 1859 年 11 月の論文をディリクレは見ることはできなかった．

ディリクレはガウスの『数論』を一生肌身離さず持ち歩くほどのガウスのファンであった．ディリクレも『数論講義』を出版した．それは，現代の解析数論の基盤となる「ディリクレ類数公式」や「ディリクレ単数定理」などを含んでいた．後に，ディリクレの学生であったデデキントが『数論講義』の補充改訂版を作成し"ディリクレ・デデキント"と略され重用されることになった．もちろん，リーマンもディリクレの学生であり（デデキントより 5 歳年上），講義にも参加している．

現代数論においてよく出てくる

$$Z(s) = \sum_{n=1}^{\infty} a(n) n^{-s}$$

あるいは，より一般に

$$Z(s) = \sum_{\lambda > 0} a(\lambda) \lambda^{-s}$$

の形の級数を「ディリクレ級数」と呼ぶのはディリクレのゼータ関数研究を記念した命名である．

その他に，ディリクレは多方面の研究を行った．三角級数論において顕著な成果をあげた（「ディリクレ核」が有名）が，リーマンはその研究を受け継ぎ三角級数論における論文をものした．また，リーマンがリーマン面の研究において使用した「ディリクレ原理」，偏微分方程式論における「ディリクレ問題（ディリクレ境界値問題）」などでもディリクレの幅広さがわかる．初等数論や組合せ論などから数学で普遍的に使われる「鳩の巣原理」もディリクレの発案であり「ディリクレの箱入れ原理」と呼ばれる．ディリクレの数学は実に魅力的である．

5.2 ディリクレのゼータ関数論

ディリクレのゼータ関数論としては，ディリクレ L 関数の研究がとくに重要であり，リーマンとの関連の上からも必須のテーマである．ディリクレには，より広いゼータ関数を扱って代数体の類数公式を与えるなどの業績もあるが，ここでは，いわゆる「ディリクレの素数定理」（算術級数の素数定理）を中心に紹介しよう．それは，オイラーの残した課題であった（第 4 章参照）．

ディリクレの素数定理

互いに素な自然数 $N, a \geqq 1$ に対して

$$\sum_{p \equiv a \mod N} \frac{1}{p} = \infty.$$

とくに，$p \equiv a \bmod N$ となる素数 p は無限個存在する．

第 4 章で見た通り，オイラーは

(1) $N = 1, a = 1$（1737 年）

(2) $N = 4, a = 1$（1775 年）

(3) $N = 4, a = 3$（1775 年）

の 3 通りの場合を証明し，$N = 100, a = 1$ の場合を予想として述べたのであった．オイラーがなぜ $N = 100$ の場合を証明できなかったのかは，ディリクレの証明を見るとわかる．一般に，$\varphi(N)$（オイラー関数）個の指標（ディリクレ指標）が必要になるのである．オイラーが証明した

$$\begin{cases} (1) & \varphi(1) = 1 \\ (2)\ (3) & \varphi(4) = 2 \end{cases}$$

に比較して，オイラーが予想した $N = 100$ の場合は，$\varphi(100) = 40$ と巨大になるのであった．つまり，必要なディリクレ指標が (1) (2) (3) では 2 個までであったが，$N = 100$ では 40 個のディリクレ指標を扱わねばならない，という困難があるのである．

たしかに，$\varphi(N) \leqq 2$ ならオイラーのように $+$，$-$ のふたつの構成によって充

分な情報が得られたのであるが，$\varphi(100) = 40$ ともなるとＬ関数の系統立った取り扱いが必要になる．以下，ディリクレ素数定理の証明を解説しよう．

［ディリクレ素数定理の証明］

群 $G = (\mathbb{Z}/N\mathbb{Z})^{\times} = \{k = 1, \ldots, N \mid (k, N) = 1\}$ を考える．これは，位数 $\varphi(N)$ のアーベル群である．その指標群

$$\hat{G} = \mathrm{Hom}(G, \mathbb{C}^{\times})$$

も位数 $\varphi(N)$ のアーベル群である．G は有限アーベル群なので，

$$\hat{G} = \mathrm{Hom}(G, U(1))$$

と書いても同じことである．とくに $\chi \in \hat{G}, a \in G$ に対して $|\chi(a)| = 1$ である．さらに，直交関係式

$$\frac{1}{\varphi(N)} \sum_{\chi \in \hat{G}} \chi(a)\overline{\chi(b)} = \begin{cases} 1 & \cdots \quad a = b \\ 0 & \cdots \quad a \neq b \end{cases}$$

が成立する．［ここは，ディリクレ指標群の要点であり，ディリクレが苦心した所ではあるが，認めて先に進もう；証明は次を見られたい：

黒川信重『ガロア理論と表現論：ゼータ関数への出発』日本評論社，2014年．］

$\hat{G}$ の元 χ はディリクレ指標と呼ばれる．ディリクレＬ関数とは

$$L(s, \chi) = \prod_{p \nmid N} (1 - \chi(p) p^{-s})^{-1}$$

である．ただし，$\chi(p) = \chi(p \bmod N)$ である．しばらくは $s > 1$ とする．

対数をとると

$$\log L(s,\chi) = \sum_{p\nmid N}\sum_{m=1}^{\infty}\frac{\chi(p)^m}{m}p^{-ms}$$
$$= l(s,\chi) + R(s,\chi),$$
$$l(s,\chi) = \sum_{p\nmid N}\chi(p)p^{-s},$$
$$R(s,\chi) = \sum_{m=2}^{\infty}\sum_{p\nmid N}\frac{\chi(p)^m}{m}p^{-ms}$$

となる．ここで，$s \geqq 1$ に対して

$$|R(s,\chi)| \leqq 1$$

となることを注意する：

$$\begin{aligned}
|R(s,\chi)| &\leqq \sum_{m=2}^{\infty}\sum_{p\nmid N}\frac{|\chi(p)|^m}{m}p^{-ms} \\
&\leqq \sum_{m=2}^{\infty}\sum_{p\nmid N}\frac{1}{m}p^{-ms} \\
&\leqq \sum_{m=2}^{\infty}\sum_{p}p^{-m} \\
&= \sum_{p}\frac{1}{p(p-1)} \\
&\leqq \sum_{n=2}^{\infty}\frac{1}{n(n-1)} \\
&= \sum_{n=2}^{\infty}\left(\frac{1}{n-1}-\frac{1}{n}\right) \\
&= 1.
\end{aligned}$$

次に，

$$Ch_a(s) = \frac{1}{\varphi(N)}\sum_{\chi\in\hat{G}}\overline{\chi(a)}l(s,\chi)$$

とおく．これは，$p \equiv a \bmod N$ となるところを取り出すためである．実際，

$$\begin{aligned} Ch_a(s) &= \frac{1}{\varphi(N)} \sum_{\chi \in \hat{G}} \overline{\chi(a)} (\sum_{p \nmid N} \chi(p) p^{-s}) \\ &= \sum_{p \nmid N} \left(\frac{1}{\varphi(N)} \sum_{\chi \in \hat{G}} \chi(p) \overline{\chi(a)} \right) p^{-s} \end{aligned}$$

なので，直交関係式

$$\frac{1}{\varphi(N)} \sum_{\chi \in \hat{G}} \chi(p) \overline{\chi(a)} = \begin{cases} 1 & \cdots \quad p \equiv a \mod N, \\ 0 & \cdots \quad p \not\equiv a \mod N \end{cases}$$

より

$$Ch_a(s) = \sum_{p \equiv a \mod N} p^{-s}$$

となる．

一方，

$$l(s, \chi) = \log L(s, \chi) - R(s, \chi)$$

より

$$\begin{aligned} Ch_a(s) &= \frac{1}{\varphi(N)} l(s, \mathbf{1}) + \frac{1}{\varphi(N)} \sum_{\chi \neq \mathbf{1}} \overline{\chi(a)} l(s, \chi) \\ &= \frac{1}{\varphi(N)} \log L(s, \mathbf{1}) + \frac{1}{\varphi(N)} \sum_{\chi \neq \mathbf{1}} \overline{\chi(a)} \log L(s, \chi) \\ &\quad - \frac{1}{\varphi(N)} \sum_{\chi} \overline{\chi(a)} R(s, \chi) \end{aligned}$$

となる．したがって，

$$\sum_{p\equiv a \bmod N} p^{-s} = \frac{1}{\varphi(N)} \log L(s,\mathbf{1}) + \frac{1}{\varphi(N)} \sum_{\chi\neq\mathbf{1}} \overline{\chi(a)} \log L(s,\chi) - \frac{1}{\varphi(N)} \sum_{\chi} \overline{\chi(a)} R(s,\chi)$$

という等式が得られた．［ディリクレの見事な手際である．］

あとは，

$$L(s,\mathbf{1}) = \prod_{p\nmid N}(1-p^{-s})^{-1} = \prod_{p|N}(1-p^{-s})\cdot\zeta(s)$$

において，$s\to 1$ のときの評価式

$$\zeta(s) \sim \frac{1}{s-1}$$

（前に示した不等式 $\frac{1}{s-1} < \zeta(s) < \frac{s}{s-1}$ から出る）を用いて

$$L(s,\mathbf{1}) \underset{s\to 1}{\sim} \prod_{p|N}(1-p^{-1})\cdot\frac{1}{s-1},$$

$\chi\in\hat{G}$ に対して

$$|R(s,\chi)| \leqq 1$$

および $\chi\neq\mathbf{1}$ に対して，$L(1,\chi)$ は有限値であって

$$L(1,\chi)\neq 0$$

ということを使えば

$$\lim_{s\to 1}\left(\frac{\displaystyle\sum_{p\equiv a \bmod N}\frac{1}{p^s}}{\log\left(\frac{1}{s-1}\right)}\right) = \frac{1}{\varphi(N)}$$

という精密な結果（ディリクレ密度定理）を得ることができる．とくに，

$$\sum_{p \equiv a \mod N} \frac{1}{p} = \infty$$

が示された．

なお，$\chi \neq \mathbf{1}$ に対して，$L(1,\chi) \neq 0$ を示すところには，ディリクレ類数公式の考えが使われるのであるが省略する．

［ディリクレ素数定理　証明終］

証明全体は $N = 4$ のときのオイラーの方法を素直に拡張したものであり，すっきりしている．なお，$L(1,\chi) \neq 0$ という点に関しては，オイラーの場合には

$$L(1) = \frac{\pi}{4}$$

という結果（マーダヴァ，1400年頃）のみで充分だったのである．オイラーの予想した $N = 100$ の場合には $\varphi(100) = 40$ 個の指標の線形結合を作ることになっているのであるが，そこにディリクレの眼力が光っている．

ディリクレの研究によって，ゼータ関数の世界がオイラーまでの $\zeta(s)$ と $L(s)$ という（オイラー積をもつディリクレ級数の中では）2個しかなかった頃から，$L(s,\chi)$ という無限個の豊富な世界になったことは，ディリクレの大きな貢献である．

Georg Friedrich Bernhard Riemann

第6章 リーマン

リーマンの数論研究は1859年のゼータ関数論に関する論文一編のみが発表されたものである．手書き原稿では6ページ，印刷版で10ページという短いものであるが，数学の歴史に与えた影響は巨大である．そのことについては第Ⅲ部で見ることにしたいが，本章でも必要に応じて触れる．

本章の目的は，数学史上はじめてゼータ関数を複素解析関数として研究したリーマンの仕事を解説することである．それは，ある意味でやりかけの仕事であり，リーマン予想など残された解明すべきことが多い．

リーマンは1866年7月20日に39歳で亡くなってしまい，本年（2016年）7月20日（水曜日）に歿後150年を迎えた．リーマンがもう少し長生したならば，リーマンの数論がどのように発展したのかが見たい，という思いを改めて強く感じる．

6.1 リーマン

リーマンは1826年9月17日にドイツ北部に生まれ，1866年7月20日にイタリア北端のマジョーレ湖畔にて胸の病いで亡くなった．リーマンは，そこの小高い教会に眠っている．

リーマンは小さい頃から数学に秀でていて，10代後半にはルジャンドルの『数論』の教科書を簡単に読んでしまったと伝えられている．大学はゲッチンゲン大学であり，最初は神学科であったが数学科に転学科した．ガウス（1777-1855）がリーマンの第一の指導者であった．また，ディリクレ（1805-1859）もリーマンの指導者である．

ガウスのもとでは，1851年に「複素1変数関数の一般理論の基礎付け」によって博士号を取得した．いわゆる複素関数論を確立したものであり，リーマン面を導入した．

1854年の大学教授資格講演「幾何学の基礎にある仮説について」においては，リーマン多様体を導入したことで有名である．ここでは，“離散多様体”も扱っていて，集合論の元祖と評価されている．

また，リーマン面のモジュライ空間を考察し，種数 g（2以上）のリーマン面のモジュライ空間の複素次元が $3g-3$ であることを示した．同時に，楕円関数論を多変数に拡張したアーベル関数論を構築した（1857年）．業績にはテータ関数論，保型関数論の研究も多い．

1859年5月5日に師のディリクレが亡くなって，リーマンの生活は一挙に忙しくなった．ディリクレの後を継いでゲッチンゲン大学の教授に任命されたのをはじめ，8月11日にはベルリン学士院会員となった．9月にはベルリン大学を訪れクロネッカー達と親交を深めた．さらに，11月には『ベルリン学士院月報』11月号に「与えられた大きさ以下の素数の個数について」という本書の主題となる論文を発表した（投稿は10月26日である）．これは，ベルリン学士院会員に選出された記念の報告論文であった．その内容については，9月のベルリン訪問の際にクロネッカー達に話し，出版を強くすすめられたのであった．

その後，リーマンは亡くなるまでに，バイエルン学士院（1859年11月28日），パリ学士院（1866年3月19日），ロンドン学士院（ロイヤルソサエティ，1866年6月14日）など，多くの学士院会員に任ぜられる有名人となっていた．

一方，もともとリーマンは控え目な性格で，教授になる前は現代用語で言うと「ひきこもり」に近い生活を送っていた．それを見かねて5歳下のデデキント（1831-1916）はデデキントの実家にリーマンを招待して気分転換をはかるなど世話を焼いていた．1866年にリーマンが亡くなった後は，デデキントは『リーマン全集』のまとめ役となり，最初の「リーマン伝」をそこに書き下ろしたのである．

6.2 リーマンのゼータ関数論

リーマンは 1859 年の論文

「与えられた大きさ以下の素数の個数について」

(『ベルリン学士院月報』1859 年 11 月号, 671-680 ページ)

において,

$$\zeta(s) = \prod_{p:\text{素数}} (1 - p^{-s})^{-1} = \sum_{n=1}^{\infty} n^{-s}$$

という「ゼータ関数」の命名から出発する. オイラー積(素数に関する無限積)と自然数に関する無限和の位置は, この順序であり, リーマンの論文においてオイラー積が第一であるとの姿勢がはじめから明確である.

序文には師であるガウスとディリクレの素数研究について触れていて, リーマンの論文は素数研究に向かって行く. リーマンは $\zeta(s)$ の $s \in \mathbb{C}$ への解析接続(2 通り)を行い, $\zeta(s)$ を零点と極に関する積に分解し, さらに, x 以下の素数の個数

$$\pi(x) = \left|\{p \leqq x \mid p \text{ は素数 }\}\right|$$

の公式を出している. その公式は 6.3 節で扱う. また, この論文で最も有名なところは「リーマン予想」を提出したことであるが, それは 6.4 節で解説する.

したがって, ここでは $\zeta(s)$ の解析接続を説明する. リーマンは 2 通りの方法を与えている. 第 1 の方法は, オイラーが 1769 年に発見していた積分表示(第 4 章参照)

$$\zeta(s) = \frac{1}{\Gamma(s)} \int_0^{\infty} \frac{t^{s-1}}{e^t - 1} dt$$

から出発して $s \in \mathbb{C}$ への解析接続をし, 関数等式

$$\zeta(1-s) = \zeta(s) 2(2\pi)^{-s} \Gamma(s) \cos\left(\frac{\pi s}{2}\right)$$

を証明している. この関数等式はオイラーが 1749 年に発見したものである(第 4 章).

さらに，リーマンはこの関数等式を完全対称な形

$$\pi^{-\frac{1-s}{2}}\Gamma\left(\frac{1-s}{2}\right)\zeta(1-s)=\pi^{-\frac{s}{2}}\Gamma\left(\frac{s}{2}\right)\zeta(s)$$

に書き直している．それは

$$2(2\pi)^{-s}\Gamma(s)\cos\left(\frac{\pi s}{2}\right)=\frac{\pi^{-\frac{s}{2}}\Gamma\left(\frac{s}{2}\right)}{\pi^{-\frac{1-s}{2}}\Gamma\left(\frac{1-s}{2}\right)}$$

という分解を鋭く見抜いたのである．本書では，話をわかりやすくするために，

$$\Gamma_{\mathbb{R}}(s)=\pi^{-\frac{s}{2}}\Gamma\left(\frac{s}{2}\right),$$
$$\Gamma_{\mathbb{C}}(s)=2(2\pi)^{-s}\Gamma(s),$$
$$\hat{\zeta}(s)=\zeta(s)\Gamma_{\mathbb{R}}(s)$$

という記号を使うことにする．

この $\hat{\zeta}(s)$ は，しばしば

$$\hat{\zeta}(s)=\prod_{p\leqq\infty}\zeta_p(s),$$
$$\zeta_p(s)=\begin{cases}(1-p^{-s})^{-1} & \cdots \quad p<\infty\\ \Gamma_{\mathbb{R}}(s) & \cdots \quad p=\infty\end{cases}$$

とも書かれ，完備リーマンゼータ関数と呼ばれる．

すると，リーマンの証明した関数等式は，第1に

$$\zeta(1-s)=\zeta(s)\Gamma_{\mathbb{C}}(s)\cos\left(\frac{\pi s}{2}\right)$$

であり，

$$\Gamma_{\mathbb{C}}(s)\cos\left(\frac{\pi s}{2}\right)=\frac{\Gamma_{\mathbb{R}}(s)}{\Gamma_{\mathbb{R}}(1-s)}$$

という分解により，第2の完全対称な関数等式

$$\hat{\zeta}(1-s)=\hat{\zeta}(s)$$

も証明したことになる．

念のため，2つの関数等式が同値であることを確認しておこう．それには

$$\begin{aligned}\Gamma_{\mathbb{C}}(s)\cos\left(\frac{\pi s}{2}\right) &= \Gamma_{\mathbb{R}}(s)\Gamma_{\mathbb{R}}(s+1)\cos\left(\frac{\pi s}{2}\right) \\ &= \Gamma_{\mathbb{R}}(s)\Gamma_{\mathbb{R}}(s+1)\cdot(\Gamma_{\mathbb{R}}(1+s)\Gamma_{\mathbb{R}}(1-s))^{-1} \\ &= \frac{\Gamma_{\mathbb{R}}(s)}{\Gamma_{\mathbb{R}}(1-s)}\end{aligned}$$

とすればよい．ここで使っていることは

$$\Gamma_{\mathbb{C}}(s) = \Gamma_{\mathbb{R}}(s)\Gamma_{\mathbb{R}}(s+1)$$

と

$$\Gamma_{\mathbb{R}}(1+s)\Gamma_{\mathbb{R}}(1-s) = \frac{1}{\cos\left(\frac{\pi s}{2}\right)}$$

であり，前者は「ガンマ関数の 2 倍角の公式」

$$\Gamma(2x) = \Gamma(x)\Gamma\left(x+\frac{1}{2}\right)2^{2x-1}\pi^{-\frac{1}{2}}$$

であり（$x=\frac{s}{2}$ とおく），後者は「ガンマ関数と三角関数の関係式」

$$\Gamma(x)\Gamma(1-x) = \frac{\pi}{\sin(\pi x)}$$

である（$x=\frac{1+s}{2}$ とおく）．

いずれにしても，リーマンのおかげで $\zeta(s)$ は見事な美しさをもっていることが判明したのである．しかも，リーマンはその完全対称な関数等式の直接証明を与えている．それが $\zeta(s)$ の第 2 の積分表示であり，それによれば完全対称な関数等式がはじめに得られるのである．

そのために，リーマンはテータ関数 $\vartheta(z)$ を用いる：

$$\vartheta(z) = \sum_{m=-\infty}^{\infty} e^{\pi i m^2 z}, \quad \mathrm{Im}(z) > 0.$$

リーマンはテータ関数の専門家であり，1857 年には多変数テータ関数を用い

てアーベル関数論の論文を書いていた．$\vartheta(z)$ は重さ $\dfrac{1}{2}$ の保型形式であり，変換公式

$$\vartheta\left(-\frac{1}{z}\right) = \sqrt{\frac{z}{i}}\vartheta(z)$$

をみたす．リーマンは

$$\begin{aligned}\varphi(t) &= \frac{\vartheta(it)-1}{2} \\ &= \sum_{n=1}^{\infty} e^{-\pi n^2 t}\end{aligned}$$

と書く．ϑ 変換公式は

$$2\varphi\left(\frac{1}{t}\right) + 1 = \sqrt{t}\,(2\varphi(t)+1)$$

となる．

リーマンの第 2 の積分表示とは

$$\hat{\zeta}(s) = \int_0^{\infty} \varphi(t)(t^{\frac{s}{2}} + t^{\frac{1-s}{2}})\frac{dt}{t} - \left(\frac{1}{s} + \frac{1}{1-s}\right)$$

であって，右辺が $s \leftrightarrow 1-s$ に関して対称なことは明らかである．その積分表示は保型形式とゼータ関数の関連においても重要なので，導き方を見ておこう．

それには，$\mathrm{Re}(s) > 1$ に対する

$$\hat{\zeta}(s) = \int_0^{\infty} \varphi(t) t^{\frac{s}{2}} \frac{dt}{t}$$

から出発する．これは，右辺を

$$\begin{aligned}\int_0^{\infty} \varphi(t) t^{\frac{s}{2}-1} dt &= \int_0^{\infty} \left(\sum_{n=1}^{\infty} e^{-\pi n^2 t}\right) t^{\frac{s}{2}-1} dt \\ &= \sum_{n=1}^{\infty} \int_0^{\infty} e^{-\pi n^2 t} t^{\frac{s}{2}-1} dt\end{aligned}$$

としておいて，ガンマ関数の積分表示からくる

$$\int_0^\infty e^{-\pi n^2 t} t^{\frac{s}{2}-1} dt = \Gamma\left(\frac{s}{2}\right) \pi^{-\frac{s}{2}} n^{-s}$$

を用いることによって $\hat{\zeta}(s)$ が得られる．次に，

$$\begin{aligned}
\hat{\zeta}(s) &= \int_1^\infty \varphi(t) t^{\frac{s}{2}} \frac{dt}{t} + \int_0^1 \varphi(t) t^{\frac{s}{2}} \frac{dt}{t} \\
&= \int_1^\infty \varphi(t) t^{\frac{s}{2}} \frac{dt}{t} + \int_1^\infty \varphi\left(\frac{1}{t}\right) t^{-\frac{s}{2}} \frac{dt}{t} \\
&= \mathrm{I}(s) + \mathrm{II}(s)
\end{aligned}$$

と積分を2つに分ける．第2の積分では $t \to \dfrac{1}{t}$ という置き換えを行っている．そこで，第2の積分において ϑ 変換公式

$$\varphi\left(\frac{1}{t}\right) = t^{\frac{1}{2}} \varphi(t) - \frac{1}{2} + \frac{1}{2} t^{\frac{1}{2}}$$

を用いると（$\mathrm{Re}(s) > 1$ において）

$$\begin{aligned}
\mathrm{II}(s) &= \int_1^\infty \left(t^{\frac{1}{2}} \varphi(t) - \frac{1}{2} + \frac{1}{2} t^{\frac{1}{2}}\right) t^{-\frac{s}{2}} \frac{dt}{t} \\
&= \int_1^\infty \varphi(t) t^{\frac{1-s}{2}} \frac{dt}{t} - \frac{1}{2} \int_1^\infty t^{-\frac{s}{2}} \frac{dt}{t} + \frac{1}{2} \int_1^\infty t^{\frac{1-s}{2}} \frac{dt}{t} \\
&= \int_1^\infty \varphi(t) t^{\frac{1-s}{2}} \frac{dt}{t} - \frac{1}{s} + \frac{1}{s-1}
\end{aligned}$$

となるので，$\mathrm{I}(s)$ と $\mathrm{II}(s)$ を合わせて，

$$\hat{\zeta}(s) = \int_1^\infty \varphi(t) (t^{\frac{s}{2}} + t^{\frac{1-s}{2}}) \frac{dt}{t} - \left(\frac{1}{s} + \frac{1}{1-s}\right)$$

が得られることになる．

なお，リーマンは論文には書かれてはいないが，第3の積分表示を行っていることが，1932年にジーゲル（1896年12月31日-1981年4月4日）のリーマン遺稿の調査によって判明している．それは

$$\begin{aligned}
\hat{\zeta}(s) &= \pi^{-\frac{s}{2}} \Gamma\left(\frac{s}{2}\right) \int_{0 \searrow 1} \frac{x^{-s} e^{\pi i x^2}}{e^{\pi i x} - e^{-\pi i x}} dx \\
&\quad + \pi^{-\frac{1-s}{2}} \Gamma\left(\frac{1-s}{2}\right) \int_{0 \swarrow 1} \frac{x^{s-1} e^{-\pi i x^2}}{e^{\pi i x} - e^{-\pi i x}} dx
\end{aligned}$$

という形であり，積分路はそれぞれ

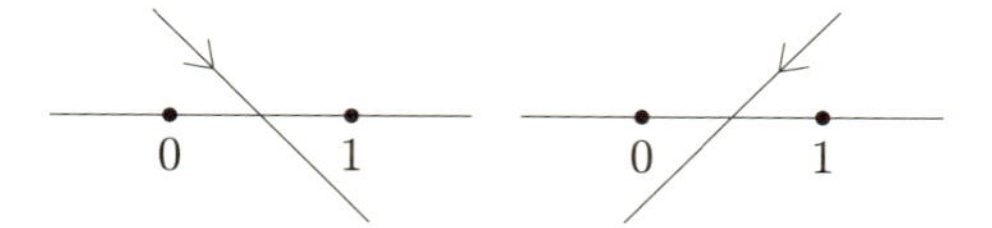

である．さらに，リーマンは手計算にて，$\zeta(s)$ の虚の零点を

$$\frac{1}{2}+i\cdot 14.1386 \quad \left(\text{正確には } \frac{1}{2}+i\cdot 14.13472\cdots\right)$$

など数個計算してリーマン予想「$\mathrm{Re}(s)=\frac{1}{2}$」を確かめていたという驚くべきこともわかった．

ジーゲルはゲッチンゲン大学に保管されていたリーマンの遺稿（計算メモ）を時間をかけて詳細に解読して公表したのである．それは，大数学者のジーゲルが30代の脂の乗り切った年頃だからできたことである．しかも，リーマンの零点計算などをヒントにして「リーマン・ジーゲル公式」も導き出し再現することができた．それは現在の計算機で $\zeta(s)$ を計算する際には必須の公式であり，そのおかげで数多くの零点が計算され，リーマン予想の確認に使われている．ジーゲルが解読した中には，$\mathrm{Re}(s)=\frac{1}{2}$ 上に $\zeta(s)$ の虚の零点が無限個存在することをリーマンが証明していたことも含まれている．リーマンのゼータ関数研究は想像をはるかに超えて深かったのである．

リーマンの3通りの積分表示は一般化されたゼータ関数に対しても拡張されていくことになるが，本書では後には触れる余裕がないであろうから，保型形式と関連する第2の積分表示について，ここで簡単に述べておこう．

それは，リーマンの論文から半世紀経た1916年にラマヌジャンによってなされた発見がきっかけとなった．ラマヌジャンは重さ12の保型形式

$$\begin{aligned}\Delta(z) &= e^{2\pi iz}\prod_{n=1}^{\infty}(1-e^{2\pi inz})^{24}\\ &= \sum_{n=1}^{\infty}\tau(n)e^{2\pi inz}\end{aligned}$$

のゼータ関数

$$L(s,\Delta)=\sum_{n=1}^{\infty}\tau(n)n^{-s}$$

を考察した．ラマヌジャンの行ったことは，オイラー積表示

$$L(s,\Delta)=\prod_{p}L_p(s,\Delta),$$
$$L_p(s,\Delta)=(1-\tau(p)p^{-s}+p^{11-2s})^{-1}$$

を予想し（1917 年にモーデルが証明），$L_p(s,\Delta)$ の極はすべて $\mathrm{Re}(s)=\frac{11}{2}$ 上に乗るという「ラマヌジャン予想」（1974 年にドリーニュが証明する「ラマヌジャン予想」；これは合同ゼータ関数に対するリーマン予想の証明として第 III 部第 8 章にて解説する）を提出するという画期的なものであった．

ラマヌジャンのゼータ関数 $L(s,\Delta)$ の解析接続と関数等式は 1929 年にウィルトンが証明するが，リーマンの第 2 の積分表示法を使い，次の通り簡明である：$\mathrm{Re}(s)>7$ において

$$\begin{aligned}(2\pi)^{-s}\Gamma(s)L(s,\Delta)&=\int_0^{\infty}\Delta(it)t^s\frac{dt}{t}\\&=\int_1^{\infty}\Delta(it)t^s\frac{dt}{t}+\int_0^{1}\Delta(it)t^s\frac{dt}{t}\\&=\int_1^{\infty}\Delta(it)t^s\frac{dt}{t}+\int_1^{\infty}\Delta\left(i\frac{1}{t}\right)t^{-s}\frac{dt}{t}\\&=\int_1^{\infty}\Delta(it)t^s\frac{dt}{t}+\int_1^{\infty}t^{12}\Delta(it)t^{-s}\frac{dt}{t}\\&=\int_1^{\infty}\Delta(it)(t^s+t^{12-s})\frac{dt}{t}\end{aligned}$$

となって，すべての $s\in\mathbb{C}$ への正則関数としての解析接続と完備ゼータ関数

$$\hat{L}(s,\Delta)=\Gamma_{\mathbb{C}}(s)L(s,\Delta)$$

に対する完全対称な関数等式

$$\hat{L}(s,\Delta)=\hat{L}(12-s,\Delta)$$

が成立する．ここで，$\Delta(z)$ の保型性

$$\Delta\left(-\frac{1}{z}\right) = z^{12}\Delta(z)$$

から来る変換公式

$$\Delta\left(i\frac{1}{t}\right) = t^{12}\Delta(it)$$

を用いている．

ラマヌジャンのゼータ関数 $L(s,\Delta)$ の場合はリーマンゼータ関数 $\zeta(s)$ の場合よりも簡単なことも上のようにわかった（極が出てこない）ので，それ以降，ヘッケ（1937年；ヘッケ理論），ラングランズ（1970年；ラングランズ予想）と保型L関数論は大発展することになる．

6.3　リーマンの素数公式

リーマンの1859年論文に戻る．リーマンは $\zeta(s)$ の解析接続を与えた後に，素数公布に応用することを述べている．その結果は，$x > 1$ に対して，x 以下の素数の個数 $\pi(x)$ は

$$\pi(x) = \sum_{m=1}^{\infty} \frac{\mu(m)}{m}\left(\mathrm{Li}(x^{\frac{1}{m}}) - \sum_{\hat{\zeta}(\rho)=0} \mathrm{Li}(x^{\frac{\rho}{m}}) + \int_{x^{\frac{1}{m}}}^{\infty} \frac{du}{(u^2-1)u\log u} - \log 2\right)$$

となるというものである．ここで，ρ は $\hat{\zeta}(s)$ の零点全体（つまり $\zeta(s)$ の虚の零点全体）を動き，

$$\begin{aligned}\mathrm{Li}(x) &= \int_0^x \frac{du}{\log u}\\ &= \lim_{\substack{\varepsilon\to 0\\(\varepsilon>0)}}\left(\int_0^{1-\varepsilon}\frac{du}{\log u} + \int_{1+\varepsilon}^{x}\frac{du}{\log u}\right)\end{aligned}$$

は対数積分と呼ばれる関数である（ガウスが研究）．

ただし，$\pi(x)$ は

$$\pi(x) = \frac{\pi(x+0)+\pi(x-0)}{2}$$

が成立するようにしておく．つまり，素数のところでは 1 個ふえるのではなく $\frac{1}{2}$ 増加するのである（図参照）．

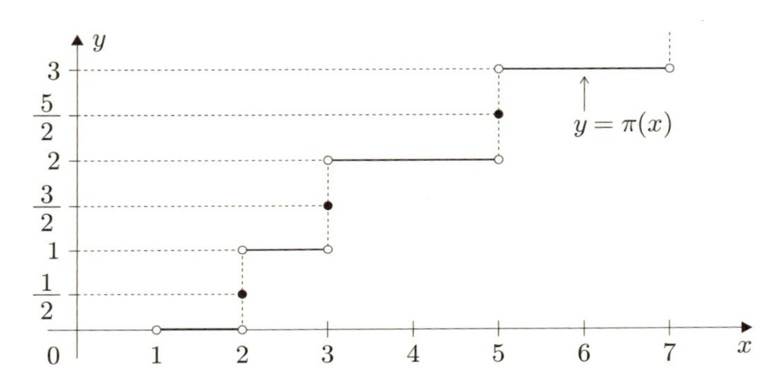

リーマンは

$$f(x)=\sum_{p^m \leqq x}\frac{1}{m}$$

に対する明示公式

$$f(x)=\mathrm{Li}(x)-\sum_{\hat{\zeta}(\rho)=0}\mathrm{Li}(x^\rho)+\int_x^\infty \frac{du}{(u^2-1)u\log u}-\log 2$$

をまず示す．あとは

$$f(x)=\sum_{m=1}^{\infty}\frac{1}{m}\pi\left(x^{\frac{1}{m}}\right)$$

であることから，メビウス逆変換

$$\pi(x)=\sum_{m=1}^{\infty}\frac{\mu(m)}{m}f\left(x^{\frac{1}{m}}\right)$$

によって，$\pi(x)$ の上記の公式が得られることになる．

さて，$\zeta(s)$ の話から $f(x)$ を出すことは，“フーリエ変換” であり，リーマンにとっては易しいことであった．彼は三角級数論（フーリエ級数論）の専門家だったからである．

リーマンは，積分表示

$$\frac{\log\zeta(s)}{s}=\int_1^\infty f(x)x^{-s-1}\,dx$$

からはじめる．リーマンは

$$\begin{aligned}\log\zeta(s)&=\sum_{m=1}^\infty\sum_{p:\text{素数}}\frac{1}{m}p^{-ms}\\&=\sum_{m=1}^\infty\sum_{p}s\int_{p^m}^\infty x^{-s-1}\,dx\\&=s\int_1^\infty f(x)x^{-s-1}\,dx\end{aligned}$$

と導いている．これをフーリエ変換して，$a>1$ に対して

$$f(x)=\frac{1}{2\pi i}\int_{a-i\infty}^{a+i\infty}\frac{\log\zeta(s)}{s}x^s\,ds$$

という表示を得る．さらに，$\hat{\zeta}(s)$ の分解

$$\hat{\zeta}(s)=\frac{1}{s(s-1)}\prod_{\mathrm{Im}(\rho)>0}\left(1-\frac{s(1-s)}{\rho(1-\rho)}\right)$$

から得られる表示

$$\zeta(s)=\frac{1}{\Gamma_{\mathbb{R}}(s)s(s-1)}\prod_{\mathrm{Im}(\rho)>0}\left(1-\frac{s(1-s)}{\rho(1-\rho)}\right)$$

を $\log\zeta(s)$ に用いることによって

$$\begin{aligned}f(x)&=\frac{1}{2\pi i}\int_{a-i\infty}^{a+i\infty}\frac{\log\zeta(s)}{s}x^s\,ds\\&=\mathrm{Li}(x)-\sum_{\hat{\zeta}(\rho)=0}\mathrm{Li}(x^\rho)+\int_x^\infty\frac{du}{(u^2-1)u\log u}-\log 2\end{aligned}$$

という最終的な結果が出てくる．ただし，リーマンは収束性を良くするために，部分積分を一度して

$$f(x) = -\frac{1}{2\pi i} \cdot \frac{1}{\log x} \int_{a-i\infty}^{a+i\infty} \frac{d\left(\dfrac{\log \zeta(s)}{s}\right)}{ds} \cdot x^s\, ds$$

の形にしてから適用している．得られた結果

$$f(x) = \mathrm{Li}(x) - \sum_{\hat{\zeta}(\rho)=0} \mathrm{Li}(x^\rho) + \int_x^\infty \frac{du}{(u^2-1)u\log u} - \log 2$$

においては，$\zeta(s)$ の極と零点がすべて現れていることがわかる：

極は $s=1$ のみで：$+\,\mathrm{Li}(x^1)$,

零点は
- $s=\rho$（虚数）　：$-\,\mathrm{Li}(x^\rho)$
- $s=-2n \ (n=1,2,3,\ldots)$: $-\,\mathrm{Li}(x^{-2n})$.

ここで，

$$-\sum_{n=1}^{\infty} \mathrm{Li}(x^{-2n}) = \int_x^\infty \frac{du}{(u^2-1)u\log u}$$

とまとめてある．

リーマンは論文の終わりで素数の密度関数

$$f'(x) = \frac{1}{\log x} - \sum_{\hat{\zeta}(\rho)=0} \frac{x^{\rho-1}}{\log x} - \frac{1}{(x^2-1)x\log x}$$

の重要性に注目してかなりの長さにわたって記している．たぶん，素数分布の精密な様子を知りたかったのだと思われる．とくに，“周期的項”x^ρ の挙動に言及しているのは $\mathrm{Im}(\rho)$ についての研究に立ち入っていたことを示している．ここで，

$$\rho = \frac{1}{2} + i\alpha$$

のとき

$$x^\rho = x^{\frac{1}{2}}(\cos(\alpha \log x) + i \sin(\alpha \log x))$$

の形でリーマンは書いていることに留意されたい．

さらに，形式的には，正規化

$$\begin{aligned} f_{\mathbb{Z}}(x) &= f'(x) x \log x + \frac{x^2}{x^2-1} \\ &= x - \sum_{\hat{\zeta}(\rho)=0} x^\rho + 1 \end{aligned}$$

を行うと，重さ1の絶対保型性

$$f_{\mathbb{Z}}\left(\frac{1}{x}\right) = x^{-1} f_{\mathbb{Z}}(x)$$

をみたすことに注意しておこう．続きは，第7章と第9章で見て欲しい．

6.4　リーマン予想

リーマンの素数公式において，さらに解明せねばならない部分は

$$\sum_{\hat{\zeta}(\rho)=0} \mathrm{Li}(x^\rho)$$

という虚の零点 ρ にわたる和である．

ここについてリーマンは，すべての ρ を（実部も虚部も）求める計画を持っていたと思われる――それによってリーマンの素数公式は完全なものになる――のであるが，そのうちの実部 $\mathrm{Re}(\rho)$ を取り出したものが，あまりにも有名なリーマン予想である：

リーマン予想

$$\hat{\zeta}(\rho) = 0 \quad なら \quad \mathrm{Re}(\rho) = \frac{1}{2}.$$

前にも触れたが，虚部 $\mathrm{Im}(\rho)$ の研究は必須の課題である．これについては，

リーマンの論文では基本的に消してあるように見えるのであるが，最後の部分で——リーマンは $\rho = \frac{1}{2} + i\alpha$ と書いているので α を用いた形の和——

$$\sum_{\rho} \mathrm{Li}(x^{\rho}) = \sum_{\alpha} \mathrm{Li}(x^{\frac{1}{2}}(\cos(\alpha \log x) + i \sin(\alpha \log x)))$$

に関して"周期的項"と言及しているところは，おそらく，$\alpha = \mathrm{Im}(\rho)$ についての研究の跡が消し忘れてつい残ってしまったものと言えるだろう．

また，論文では「リーマン予想について，いくらかの試みをしたものの不成功だったが，今の話には直接必要ないので切り上げる……」という趣旨のことがさらっとした記述のうちに書かれている．ただし，これは額面通りには受けとれない．1859 年 10 月 26 日のリーマンからワイエルシュトラスへの手紙に「$\zeta(s)$ は（第 3 の）新しい表示によって研究が進展する……」という旨のことが述べられていて，それによって $\mathrm{Im}(\rho)$ の研究も進むと考えていたのであろう．そのことは，前にも触れたように，1932 年のジーゲルによるリーマン遺稿の解読内容とも一致する．リーマンは，いくつかの虚の零点の数値計算をして（手計算である），実部が $\frac{1}{2}$ となることを確認するだけでなく，虚部の精密な値を求めている．このことから，必死でリーマン予想とその先を研究していたリーマンの様子が伝わってくる．

たとえば，

$$\begin{aligned}\sum_{\hat{\zeta}(\rho)=0} \frac{1}{\rho} &= 1 + \frac{1}{2}\gamma - \frac{1}{2}\log \pi - \log 2 \\ &= 0.0230957089661210338 1\cdots\end{aligned}$$

という見事な式もリーマンの発見であり（γ はオイラー定数），その値の数値計算もリーマンによる．リーマンは，これを零点の数値計算に活用していたのである．

ここで，

$$\sum_{\hat{\zeta}(\rho)=0} \frac{1}{\rho} = 1 + \frac{1}{2}\gamma - \frac{1}{2}\log \pi - \log 2$$

というリーマンの公式の導き方について述べておこう．そのために分解

$$\zeta(s) = \frac{1}{\Gamma_{\mathbb{R}}(s)s(s-1)} \prod_{\mathrm{Im}(\rho)>0} \left(1 - \frac{s(1-s)}{\rho(1-\rho)}\right)$$

から出発する．ガンマ関数の部分を

$$\begin{aligned} s\Gamma_{\mathbb{R}}(s) &= s\pi^{-\frac{s}{2}}\Gamma\left(\frac{s}{2}\right) \\ &= 2\pi^{-\frac{s}{2}} \cdot \frac{s}{2}\Gamma\left(\frac{s}{2}\right) \\ &= 2\pi^{-\frac{s}{2}}\Gamma\left(\frac{s}{2}+1\right) \end{aligned}$$

と変形しておくと

$$\zeta(s) = \frac{1}{(s-1)2\pi^{-\frac{s}{2}}\Gamma\left(\frac{s}{2}+1\right)} \prod_{\mathrm{Im}(\rho)>0} \left(1 - \frac{s(1-s)}{\rho(1-\rho)}\right)$$

となるので，対数微分をとって

$$\begin{aligned} \frac{\zeta'(s)}{\zeta(s)} = -\frac{1}{s-1} + \frac{1}{2}\log\pi - \frac{1}{2}\frac{\Gamma'\left(\frac{s}{2}+1\right)}{\Gamma\left(\frac{s}{2}+1\right)} \\ + \sum_{\mathrm{Im}(\rho)>0} \frac{2s-1}{s(s-1)-\rho(\rho-1)} \end{aligned}$$

を得る．ここで，$s=0$ とすると

$$\begin{aligned} \zeta(0) &= -\frac{1}{2}, \\ \Gamma'(1) &= -\gamma, \\ \Gamma(1) &= 1 \end{aligned}$$

を用いて

$$\sum_{\mathrm{Im}(\rho)>0} \frac{1}{\rho(1-\rho)} = 2\zeta'(0) + 1 + \frac{1}{2}\log\pi + \frac{1}{2}\gamma$$

となる．この左辺を

$$\sum_{\mathrm{Im}(\rho)>0} \frac{1}{\rho(1-\rho)} = \sum_{\mathrm{Im}(\rho)>0} \left(\frac{1}{\rho} + \frac{1}{1-\rho}\right)$$
$$= \sum_{\hat{\zeta}(\rho)=0} \frac{1}{\rho}$$

と直せば

$$\sum_{\rho} \frac{1}{\rho} = 2\zeta'(0) + 1 + \frac{1}{2}\log\pi + \frac{1}{2}\gamma$$

となる．よって，リーマンの公式

$$\sum_{\rho} \frac{1}{\rho} = 1 + \frac{1}{2}\gamma - \frac{1}{2}\log\pi - \log 2$$

とは

$$\zeta'(0) = -\log(\sqrt{2\pi})$$

と同値である．

これは，ゼータ正規化積の公式

$$\prod_{n=1}^{\infty} n = \exp\left(-\frac{d}{ds}\left(\sum_{n=1}^{\infty} n^{-s}\right)\Big|_{s=0}\right)$$
$$= \exp\left(-\zeta'(0)\right)$$
$$= \sqrt{2\pi}$$

と同値であり――ここで，ゼータ正規化積とは一般に

$$\prod_{\lambda} \lambda = \exp\left(-\frac{d}{ds}\left(\sum_{\lambda} \lambda^{-s}\right)\Big|_{s=0}\right)$$

と定義される――，さらにはスターリングの公式

$$\lim_{N\to\infty} \frac{N!}{N^{N+\frac{1}{2}}e^{-N}} = \sqrt{2\pi}$$

とも同値である（黒川『リーマン予想の 150 年』岩波書店，2009 年，p. 9）：$\mathrm{Re}(s) > -1$ で成立する表示式

$$\zeta'(s) = -\lim_{N\to\infty}\left\{\sum_{n=1}^{N}(\log n)n^{-s} - \left(\frac{N^{1-s}\log N}{1-s} - \frac{N^{1-s}}{(1-s)^2} + \frac{1}{2}N^{-s}\log N\right)\right\}$$

において $s=0$ とすれば,

$$\zeta'(0) = -\lim_{N\to\infty}\log\left(\frac{N!}{N^{N+\frac{1}{2}}e^{-N}}\right),$$

つまり,

$$\lim_{N\to\infty}\frac{N!}{N^{N+\frac{1}{2}}e^{-N}} = \exp(-\zeta'(0))$$

を得る.

さて, これまでにも触れた通り, リーマン予想のリーマンによる研究については, リーマンの1859年発表論文にはほとんど何も書かれていないので, ジーゲルによる1932年のリーマン遺稿解読論文

C. L. Siegel "Über Riemanns Nachlaß zur analytischen Zahlentheorie" *Quellen und Studien zur Geschichte der Mathematik, Astronomie und Physik* **2** (1932) 45-80

によるしかない. その状況について補足しておこう.

リーマンの遺稿にゼータ関数の記述が含まれているとの発見は1926年にボンの数学史家ベッセル・ハーゲンが報告し, ジーゲルが調査することになったが, さすがのジーゲルにとっても数年を要した解読であった.

リーマンは論文の中で, 虚の零点の分布について, 高さ T の長方形▒内の零点の個数

$$N(T) = \left|\left\{\rho \,\middle|\, {\scriptstyle \zeta(\rho)=0 \atop 0\leqq \mathrm{Re}(\rho)\leqq 1}, 0 < \mathrm{Im}(\rho) < T\right\}\right|$$

に対して

$$N(T) \sim \frac{T}{2\pi}\log\frac{T}{2\pi} - \frac{T}{2\pi}$$

という評価を述べている．

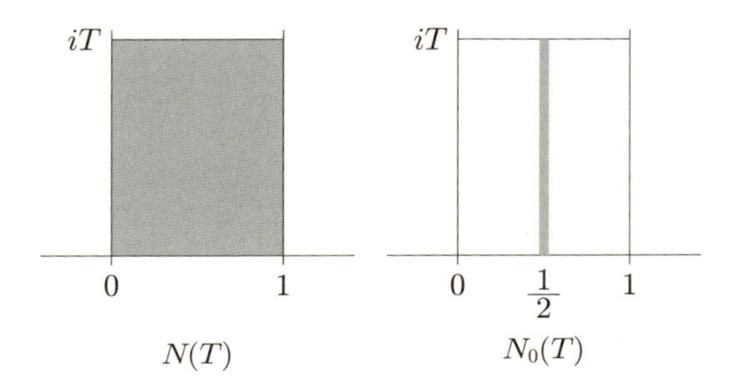

リーマンは論文には書かなかったのであるが，リーマン予想をみたす ρ の個数

$$N_0(T) = \left| \left\{ \rho \,\middle|\, {}^{\zeta(\rho)=0}_{\mathrm{Re}(\rho)=\frac{1}{2}}, 0 < \mathrm{Im}(\rho) < T \right\} \right|$$

も研究していた．もちろん，リーマン予想は

$$N_0(T) = N(T)$$

がすべての $T > 0$ に対して成立することに他ならない（個数は重複度を込めて数える）．

参考までに，ジーゲルがリーマン調査を発表する前までのリーマン予想についての研究をさらっておこう．最初のブレイクスルーは，1914 年にハーディが

$$\lim_{T\to\infty} N_0(T) = \infty$$

を証明したことである：

G. H. Hardy "Sur les zéros de la fonction ζ(s) de Riemann" *C. R. Acad. Sci. Paris* **158** (1914) 1012–1014.

ハーディは一躍脚光をあびることになり，リーマン予想研究の第一人者となった．これは，$\mathrm{Re}(\rho) = \dfrac{1}{2}$ となる零点が無限個存在するということであった．

次にハーディは数年にわたるリトルウッドとの共同研究の結果，1921 年に

"$\zeta(s)$ の近似関数等式"（アイディアはラマヌジャンが起源）を駆使して

$$N_0(T) > cT \quad (T > T_0),$$

つまり

$$\liminf_{T\to\infty} \frac{N_0(T)}{T} > 0$$

を示した：

G. H. Hardy and J. E. Littlewood "The zeros of Riemann's zeta-function on the critical line" *Math. Zeit.* **10** (1921) 283-317.

以上が1932年のジーゲルの発表までに知られていた $N_0(T)$ に関する成果であったのだが，ジーゲルによるリーマン遺稿の調査と再現によって，リーマンは

$$N_0(T) > \frac{3}{8\pi}e^{-\frac{3}{2}} \cdot T + o(T)$$

を得ていたことがわかった（ただし，定数はジーゲルの再現）.

これは，ハーディの1914年の結果を軽く含んでいて，ハーディとリトルウッドの1921年の結果と同等レベルである．つまり，リーマンの1859年の論文以後，ジーゲルまでの73年間に $N_0(T)$ について証明できたことは，リーマンが1859年頃には既に得ていたということが判明したのである.

もちろん，その間の73年間の数学者の $N_0(T)$ 研究はすべて無駄だったとは言えないものの，リーマンが時代を超えてハーディ達よりもはるか先を行っていたことは確かである．ハーディが絶望するのも当然である．73年前のリーマンに追いつくことができたと励まされても虚しいかも知れない（それに，それはリーマンのごく一部でしかないことは確実なのであるから）.

その後の $N_0(T)$ について一言触れておくと，

$$N_0(T) > cT\log T \quad (T > T_0),$$

つまり

$$\liminf_{T\to\infty} \frac{N_0(T)}{N(T)} > 0$$

が証明されたのは1942年のセルバーグの論文においてであった：

A. Selberg "On the zeros of Riemann's zeta-function" *Skrifter utgitt av Det Norske Videnskaps-Akademi i Oslo, I. Mat.-Naturv. Klasse* (1942) No. 10, 1–59.

これによって，リーマン予想は"正のパーセンテージ正しい"ことがはじめてわかったのである．

以上のことは，リーマンの1859年の論文はリーマン研究の真実を伝えていないという教訓となる．リーマンは将来に詳細を書くことを予定していたのだと思われる．1859年11月の論文は『ベルリン学士院月報』への学士院会員加入のあいさつ（自己紹介）としての報告だったのであるからなおさらである．ただ，その後1866年に亡くなるまでの7年間は余りにも短かすぎ，健康にも恵まれなかったことが惜しまれてならない．

リーマン予想の節の最後としてはリーマン予想の証明を述べればよいのだが，時間的問題もあり，リーマンがリーマン予想を証明したとすればどうしたのかという推測に簡単に触れたい．言うまでもないが，これは思いつきを記すものである．

ジーゲルの解読内容だけからはリーマン予想証明の手掛りは得られないことははっきりする．そこで考えられることはリーマンの全数学を合わせれば，リーマン予想の証明に至ったのではないかという願望である．

その願いの背景には，リーマンが至ったゼータ関数$\zeta(s)$に対する表示に現れている．リーマンより前から表示を振り返ってみよう．

第1段階は

$$\zeta(s) = \sum_{n=1}^{\infty} n^{-s}$$

である．これは，記録に残っているだけでも，第4章で述べた通り，1350年頃（666年くらい昔）のオレームの研究

$$\sum_{n=1}^{\infty}\frac{1}{n}=\infty$$

にはじまり，1735年のオイラーの発見

$$\sum_{n=1}^{\infty}\frac{1}{n^2}=\frac{\pi^2}{6}$$

に至る．

第2段階は，

$$\zeta(s)=\prod_{p:\text{素数}}(1-p^{-s})^{-1}$$

というオイラー積表示であり，1737年のオイラー以後の時代である．

さて，リーマンはどうだったであろうか？　リーマンは表面上はオイラー積から出発しているのであるが，その研究内容をよく見ると，第3段階の

$$\zeta(s)=\exp\left(\sum_{q:\text{素数べき}}\frac{1}{m(q)}q^{-s}\right)$$

という形に進化していることがわかる．ここで，$q=p^m$ は素数べき（p は素数，$m\geqq 1$ は自然数）であり

$$m(q)=m$$

である．実際，リーマンが素数分布研究において基本関数と見抜いたのは

$$f(x)=\sum_{q\leqq x}\frac{1}{m(q)}$$

であり，そうすることによって，リーマンの素数公式

$$f(x)=\mathrm{Li}(x)-\sum_{\hat{\zeta}(\rho)=0}\mathrm{Li}(x^{\rho})-\sum_{n=1}^{\infty}\mathrm{Li}(x^{-2n})-\log 2$$

に至ることができたのである．つまり，リーマンは

$$T(M) = \sum_{q:\text{素数べき}} \frac{M(q)}{m(q)}$$

の形の和を考察していたのである．ここで

$$M(q) = \begin{cases} 1 & \cdots \quad q \leqq x \\ 0 & \cdots \quad q > x \end{cases}$$

としたときに

$$f(x) = T(M)$$

となっているのである．

さらに，第Ⅲ部第8章のセルバーグゼータ関数の解説を参照してもらえば，ある群 Γ によって

$$T(M) = \sum_{c \in \mathrm{Conj}(\Gamma) - \{1\}} \frac{M(c)}{m(c)}$$

型の和に変換する（$\mathrm{Conj}(\Gamma)$ は Γ の共役類全体）ことは夢ではない．

セルバーグが実行したのは，リーマン面 M（種数は2以上）に対する基本群

$$\Gamma = \pi_1(M)$$

の場合に，M のラプラス作用素 Δ_M の固有値全体 $\mathrm{Spect}(\Delta_M)$ を用いた跡公式

$$\sum_{c \in \mathrm{Conj}(\Gamma) - \{1\}} \frac{M(c)}{m(c)} = \sum_{\mu \in \mathrm{Spect}(\Delta_M)} W(\mu)$$

を証明することによって，セルバーグゼータ関数

$$\zeta_M(s) = \exp\left(\sum_{c \in \mathrm{Conj}(\Gamma) - \{1\}} \frac{1}{m(c)} \cdot N(c)^{-s} \right)$$

の行列式表示を得て，解析接続・関数等式・リーマン予想の証明に至る道であ

る．

リーマン面の通常の基本群 Γ では

$$T(M) = \sum_{c \in \mathrm{Conj}(\Gamma) - \{1\}} \frac{M(c)}{m(c)}$$

をみたすことを期待するには無理があったろうが，希望をかなえてくれる“数論的量子リーマン空間の基本群 Γ” くらいならリーマンが辿り着けた気がしてきてしまうのである．

6.5　リーマンと双対性

リーマンの研究を見てくると，リーマンは 2 種類の「双対性」を証明していたことがわかる：

(1) $\hat{\zeta}(s) = \hat{\zeta}(1-s)$ という完全対称な関数等式としての双対性，
(2) {素数全体} $\leftrightarrow$ {零点・極全体} というフーリエ変換による双対性．

このうち，第 1 の双対性はリーマンの積分表示（2 番目）においては $\vartheta(z)$ が重さ $\dfrac{1}{2}$ の保型形式であることから説明されている．これは，ラマヌジャンの保型形式 $\Delta(z)$ が重さ 12 であり，その関数等式が

$$\hat{L}(s, \Delta) = \hat{L}(12-s, \Delta)$$

となっているのと比較すると，重さと関数等式の形の対応がかなりわかりにくくなってしまっている．重さ k なら $s \leftrightarrow k-s$ という関数等式が得られるはずなのである．それは，リーマンの書き方を s でなく $2s$ に直して第 2 の積分表示を書いてみるとはっきりする：

$$\hat{\zeta}(2s) = \int_1^{\infty} \varphi(t)(t^s + t^{\frac{1}{2}-s}) \frac{dt}{t} - \left(\frac{1}{2s} - \frac{1}{1-2s} \right).$$

ここで，

$$\varphi(t) = \frac{\vartheta(it) - 1}{2}$$

であった．そうすると，重さ $\frac{1}{2}$ の保型形式 $\vartheta(z)$ に対応するゼータ関数

$$Z(s) = \hat{\zeta}(2s)$$

の関数等式が

$$Z\left(\frac{1}{2} - s\right) = Z(s)$$

となって，納得できる結果となる．たしかに，

$$\begin{aligned} Z\left(\frac{1}{2} - s\right) &= \hat{\zeta}\left(2\left(\frac{1}{2} - s\right)\right) \\ &= \hat{\zeta}(1 - 2s) \\ &= \hat{\zeta}(2s) \\ &= Z(s) \end{aligned}$$

と快適であり，$\frac{1}{2}$ がちょうど重さとなっている．

ここで必要となっているテータ変換公式

$$\vartheta\left(i\frac{1}{t}\right) = t^{\frac{1}{2}}\vartheta(it)$$

のために，リーマンはヤコビを"Jacobi, Fund. S. 184"として引用しているが，これは群の組 $(\Gamma, G) = (\mathbb{Z}, \mathbb{R})$ に対するポアソン和公式（一般には，セルバーグ跡公式）から導かれる．それを説明しておこう．

このポアソン和公式とは，"適当な関数"

$$f : \mathbb{R} \to \mathbb{C}$$

に対して

$$\sum_{m \in \mathbb{Z}} f(m) = \sum_{m \in \mathbb{Z}} \hat{f}(m)$$

が成り立つ，というものであり

$$\hat{f}(y) = \int_{\mathbb{R}} f(x) e^{-2\pi i x y}\, dx$$

は $f(x)$ のフーリエ変換である．

［ポアソン和公式の証明］

$$F(x)=\sum_{m\in\mathbb{Z}} f(x+m)$$

を考えると，周期性 $F(x+1)=F(x)$ をもつので，フーリエ展開できる：

$$F(x)=\sum_{m\in\mathbb{Z}} c(m)e^{2\pi imx}.$$

ここで，係数

$$c(m)=\int_0^1 F(x)e^{-2\pi imx}\,dx$$

は

$$\begin{aligned}c(m)&=\int_0^1\left(\sum_{n\in\mathbb{Z}} f(x+n)\right)e^{-2\pi imx}\,dx\\&=\int_{\mathbb{R}} f(x)e^{-2\pi imx}\,dx\\&=\hat{f}(m)\end{aligned}$$

であるから，

$$\sum_{m\in\mathbb{Z}} f(x+m)=F(x)=\sum_{m\in\mathbb{Z}}\hat{f}(m)e^{2\pi imx}$$

という，$F(x)$ の2通りの展開が得られたことになる．ここで $x=0$ とすれば，ポアソン和公式を得る：

$$\sum_{m\in\mathbb{Z}} f(m)=\sum_{m\in\mathbb{Z}}\hat{f}(m)$$

［証明終］

上記の議論を見れば，$f(x)$ に関する適当な仮定とは収束性を満足させる程度のおおらかなものでよいことがわかる．そこで，今，$t>0$ に対して

$$f(x)=e^{-\pi x^2 t}$$

とおけばポアソン和公式から

$$\sum_{m=-\infty}^{\infty} e^{-\pi m^2 t} = \frac{1}{\sqrt{t}} \sum_{m=-\infty}^{\infty} e^{-\frac{\pi m^2}{t}}$$

が得られるということになる：

$$\begin{aligned}\hat{f}(y) &= \int_{\mathbb{R}} e^{-\pi x^2 t} \cdot e^{-2\pi i y x}\, dx \\ &= \int_{\mathbb{R}} e^{-\pi t \left(x+i\frac{y}{t}\right)^2} \cdot e^{-\frac{\pi y^2}{t}}\, dx \\ &= \int_{\mathbb{R}} e^{-\pi t x^2} \cdot e^{-\frac{\pi y^2}{t}}\, dx \\ &= \frac{1}{\sqrt{t}} e^{-\frac{\pi y^2}{t}}.\end{aligned}$$

2 行目の積分から 3 行目の積分に移るところでは x の積分路を実軸から実軸に平行な線上にずらしても積分が変化しないことを用いている（留数定理の応用）．また，最後にはガウス積分を使っている：

$$\begin{aligned}\left(\int_{-\infty}^{\infty} e^{-\pi t x^2} dx\right)^2 &= \int_{-\infty}^{\infty}\int_{-\infty}^{\infty} e^{-\pi t (x^2+y^2)}\, dxdy \\ &= \int_0^{2\pi} \left(\int_0^{\infty} e^{-\pi t r^2} r\, dr\right) d\theta \\ &= 2\pi \left[\frac{e^{-\pi t r^2}}{-2\pi t}\right]_0^{\infty} \\ &= \frac{1}{t}\end{aligned}$$

より

$$\int_{-\infty}^{\infty} e^{-\pi t x^2}\, dx = \frac{1}{\sqrt{t}}.$$

このポアソン和公式は，局所コンパクトアーベル群 G と離散部分群 Γ の組 (Γ, G) に対しても全く同様に拡張できる．それによって，多変数のテータ関数の変換公式（リーマンは多変数テータ関数の専門家であった）などを得ることができる．さらに，第 III 部第 8 章で見るように G を局所コンパクト群，Γ を適当な離散部分群とするとき「ポアソン和公式」の一般形である「セルバーグ跡公式」を考えることができて，それはセルバーグゼータ関数（つまり，リーマン面のゼータ関数やリーマン多様体のゼータ関数）の「行列式表示・解析接続・関数等式・リーマン予想」の証明に使われている．

この辺でリーマンの証明した第2の双対性（2）に移ろう．これはリーマンの素数公式の内容そのものであるが，{零点・極全体}というある意味でのブラックボックス（黒箱）に情報が押し込められていて，直接取り出すのが難しい．そのことは，現在までの150年間以上，手を替え品を替え，いろいろな工夫の下に（2）を使ってきたが，限度があるようである．さらに画期的に解明される必要があり，それは，議論の進行後に出てくる「零点・極」などでは無理なのであろう．きっと，はじめから天与のものでないと．

論点を整理しておこう．まず，（1）の双対性については，上のように保型形式の保型性の話で説明が完了するわけでなく，“コホモロジー”H^0, H^1, H^2への分解

$$\hat{\zeta}(s) = \frac{Z_1(s)}{Z_0(s)Z_2(s)}$$

$$（ここで，Z_0(s) = s,\ Z_2(s) = s - 1）$$

への模索が続いている．

第Ⅲ部第8章で述べる合同ゼータ関数に対しては，その関数等式は（射影的非特異代数多様体の場合は）

$$s \quad \longleftrightarrow \quad （次元） - s$$

であり，コホモロジー的解釈ができていて，リーマン予想の証明も完了している．その流れで行くと，

$$\zeta(s) = \zeta_{\mathrm{Spec}\,\mathbb{Z}}(s)$$

の場合の関数等式は

$$s \quad \longleftrightarrow \quad \dim(\mathrm{Spec}\,\mathbb{Z}) - s$$

と解釈されるべきである，ということになる．ここで，

$$\dim(\operatorname{Spec}\mathbb{Z}) = 1$$

である．これは，$\mathbb{Z}$ の素イデアルの最長列が

$$(p) \supsetneq (0)$$

という長さ 1（p は素数）であることからきている．残念ながら，$\operatorname{Spec}\mathbb{Z}$ の場合には

$$H^1(\operatorname{Spec}\mathbb{Z}) \text{ は無限次元,}$$
$$H^0(\operatorname{Spec}\mathbb{Z}) \text{ と } H^2(\operatorname{Spec}\mathbb{Z}) \text{ は 1 次元}$$

となる自然で正しいコホモロジーが作られていない．それができれば $\zeta(s)$ の零点の固有値解釈を経由してリーマン予想の証明にも到達するはずである．

次に，(2) の双対性については

$$\{\text{素数全体}\} \quad \longleftrightarrow \quad \{\text{固有値全体}\}$$

という形に直されるべきであり（それが，ヒルベルトとポリヤの 1914 年頃の提言だった），そうすることによって，より精密に素数が解明されることになる．同時に，これまでブラックボックスだった{零点・極全体}が{固有値全体}と同定できることになる．これは，上で (1) について補充した通り $\operatorname{Spec}\mathbb{Z}$ の正しいコホモロジー $H^i(\operatorname{Spec}\mathbb{Z})$ $(i = 0,1,2)$ の問題と深く結びついていて，$H^1(\operatorname{Spec}\mathbb{Z})$ という本体の作用素の固有値を見れば，実質的には同一の問題と考えることもできよう．

なお，第 III 部第 8 章で述べるリーマン多様体（とくにリーマン面）のゼータ関数であるセルバーグゼータ関数の場合には，(2) の双対性に関して，セルバーグ跡公式によって

$$\{\text{素測地線全体}\} \quad \longleftrightarrow \quad \{\text{零点・極全体}\}$$

のレベルだけでなく，より深く

$$\{\text{素測地線全体}\} \longleftrightarrow \{\text{ラプラス作用素の固有値全体}\}$$

という明確な対応が得られていて，その結果リーマン予想まで証明される．これは，$\zeta(s)$ の場合にも見習うべき模範である．

リーマンが地上を去って150年となった区切りの今，リーマンがリーマン予想とリーマン多様体を残してくれた意味を我々はよく考えるべき時期になっている．目標は，リーマン多様体のゼータ関数（つまり，セルバーグ型ゼータ関数）によってすべてのゼータ関数を統一するという思想の実現である．これは「4つのゼータ関数の統一」であり，物理学における「4つの力の統一」と類似している．図で対比しておこう．

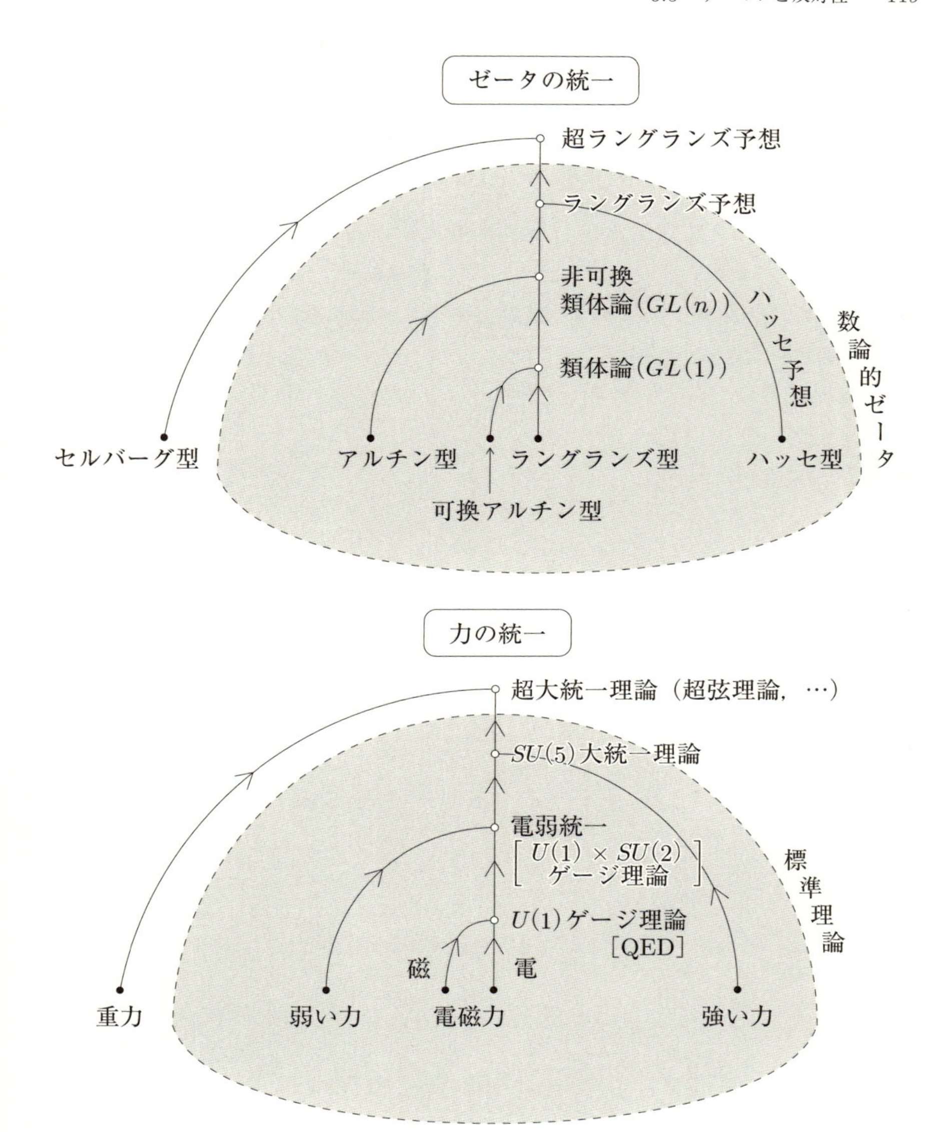

	3つの統一	4つの統一
ゼータ	ラングランズ予想	超ラングランズ予想
力	標準理論	超弦理論

この統一理論で忘れてはならないことは，ディリクレ（1837年）の教訓「ゼータ関数はL関数全体を考えてはじめて完全になる」である．つまり，

$$\{\zeta_\Gamma(s,\rho) \mid \rho \in \mathrm{Rep}(\Gamma)\}$$

が希望するゼータ関数全体になるよう最大限に設定すべきなのである．すると"自然に"Γは決まる．しかも，すべての数論的ゼータ関数（ラングランズ予想の範囲ではラングランズ・ガロア群ということになる）だけでなく，すべてのゼータ関数を含むべきである．それが，4つのゼータ関数の統一である．

第Ⅲ部
リーマンの影響

第Ⅲ部ではリーマンの数論研究の影響を19世紀（第7章），20世紀（第8章），21世紀（第9章）と見る．

19世紀においては，リーマンの研究を解読しようとする研究の中からメルテンスの定理（1874年），フォン・マンゴルトの定理（1895年），素数定理の証明（ド・ラ・ヴァレ・プーサンとアダマール，1896年）などのめざましい成果が得られた．

20世紀には，ゼータ関数の研究が一挙に花開いた感がある．合同ゼータ関数とセルバーグゼータ関数という二大ゼータ関数族に対して，リーマン予想の証明まで成功したのは，1859年のリーマンの研究の100周年となる1959年の周辺だった．

21世紀には，一元体$\mathbb{F}_1$を基盤とする絶対数学から起こった絶対ゼータ関数論が発展した．さらには，リーマン予想を深化させた深リーマン予想という認識にまで至った．21世紀は未だ16年であるが，未来は明るい．

第7章
19 世 紀

リーマンが1859年の論文を発表した直後の反応は，数論における革命が起きたらしいことはわかっても，一般には，その真意がよく伝わらなかったのかも知れないと思われるものであった．それは，リーマン予想に関する研究が19世紀中にほとんど出版されなかったことからもわかるが，何よりリーマンの複素関数論を用いてゼータ関数を研究するという姿勢が時代のはるか先を行っていたのである．

したがって，19世紀のリーマン論文研究はリーマンの書いたことを証明を埋めながら読むということが中心となっていた感がある．

ここでは，ちゃんと論文になった，メルテンス（1874年），フォン・マンゴルト（1895年），素数定理の証明（ド・ラ・ヴァレ・プーサンとアダマール，1896年）に焦点を当てて解説する．ここには取り上げないが，1885年頃にスティルチェスはリーマン予想が証明できたと主張したが，証明を記した論文は発表されずに終わった．その流れにある「メルテンス予想」（もともとはスティルチェスが証明できたと主張していたものなので「スティルチェス予想」と呼ぶべき）は20世紀（1985年，オドリッコたち）になって成立しないことが判明しており，スティルチェスの「証明」は不完全だったものと考えられる．

7.1 メルテンス

メルテンス（Franz Mertens，1840年3月20日—1927年3月5日）は1865年にベルリン大学で学位論文を提出した数学者である．指導教授はクンマーとクロネッカーであった．有名なメルテンス定理は1874年に証明した：

F. Mertens "Ein Beitrag zur analytischen Zahlentheorie" *J. reine angew. Math.* (*Crelle J.*), **78** (1874), 46-62.

それは，現在では『初等数論』の話題として出てくる

$$\prod_{\substack{p \leqq x \\ p \text{ は素数}}} \left(1 - \frac{1}{p}\right)^{-1} \sim e^{\gamma} \log x$$

という $x \to \infty$ に対する漸近式を意味している．ここで，$\gamma = 0.577\cdots$ はオイラー定数である．

ところが，1874年の論文では，同時に

$$\lim_{x \to \infty} \prod_{\substack{p \leqq x \\ p \text{ は奇素数}}} \left(1 - \frac{(-1)^{\frac{p-1}{2}}}{p}\right)^{-1} = \frac{\pi}{4}$$

も証明していたのである．このことは，現代ではほとんど忘れ去られている．

ここでは，メルテンスの定理をディリクレL関数に対して紹介し（とくに非自明指標の場合），第9章にあらわれる深リーマン予想への第一歩と捉えることにしたい．

はじめに注意すべきことは，ここで扱うのはディリクレL関数のオイラー積表示が $\mathrm{Re}(s) = 1$ 上でどのように振るまうかの問題であり，$\mathrm{Re}(s) > 1$ という絶対収束域とは違って条件収束で不安定（項の順番に影響される）領域における話であることである．第4章で見た通りオイラーは

$$\prod_{p:\text{奇素数}} \left(1 - \frac{(-1)^{\frac{p-1}{2}}}{p}\right)^{-1} = \frac{\pi}{4}$$

という式を書いている．これを厳密に証明したのがメルテンスである．

無邪気に

$$\prod_{p:\text{奇素数}} \left(1 - \frac{(-1)^{\frac{p-1}{2}}}{p}\right)^{-1} = \frac{\pi}{4}$$

と書くことが，どのように危険かを具体的に見ておこう．次の定理が成立する．

定理 7.1 （一般化されたメルテンスの定理）

$a, b > 0$ に対して

$$\lim_{x\to\infty}\left\{\prod_{\substack{p\equiv 1 \bmod 4\\ p\leqq x^a}}\left(1-\frac{1}{p}\right)^{-1}\times\prod_{\substack{q\equiv 3 \bmod 4\\ q\leqq x^b}}\left(1+\frac{1}{q}\right)^{-1}\right\}=\frac{\pi}{4}\sqrt{\frac{a}{b}}.$$

ここで，$a = b = 1$ としたものがメルテンスの定理

$$\lim_{x\to\infty}\prod_{\substack{p\leqq x\\ p\text{ は奇素数}}}\left(1-\frac{(-1)^{\frac{p-1}{2}}}{p}\right)^{-1}=\frac{\pi}{4}$$

である．$a = 2, b = 1$ のときは

$$\lim_{x\to\infty}\left\{\prod_{\substack{p\leqq x^2\\ p\equiv 1 \bmod 4}}\left(1-\frac{1}{p}\right)^{-1}\times\prod_{\substack{q\leqq x\\ q\equiv 3 \bmod 4}}\left(1+\frac{1}{q}\right)^{-1}\right\}=\frac{\pi}{2\sqrt{2}}$$

となる．こちらは，素数を 5, 3, 13, 17, 29, 37, 41, 7, 53, $\cdots$ という順に並べて積をとったことになっている．別の書き方をすると，奇素数 p のノルムを

$$N(p)=\begin{cases} p^{\frac{1}{a}} & \cdots \quad p\equiv 1 \bmod 4\\ p^{\frac{1}{b}} & \cdots \quad p\equiv 3 \bmod 4\end{cases}$$

としたときに，定理 7.1 の言っていることは

$$\lim_{x\to\infty}\prod_{N(p)\leqq x}\left(1-\frac{(-1)^{\frac{p-1}{2}}}{p}\right)^{-1}=\frac{\pi}{4}\sqrt{\frac{a}{b}}$$

である．とくに $a = 2, b = 1$ のときは

$$N(p)=\begin{cases} \sqrt{p} & \cdots \quad p\equiv 1 \bmod 4\\ p & \cdots \quad p\equiv 3 \bmod 4\end{cases}$$

の大きさで並べた素数列

$$5, 3, 13, 17, 29, 37, 41, 7, 53, \cdots$$

つまり

$$\sqrt{5} < 3 < \sqrt{13} < \sqrt{17} < \sqrt{29} < \sqrt{37} < \sqrt{41} < 7 < \sqrt{53} < \cdots$$

となっているのである．

このように，素数の順序を変えて積をとると値がそれに応じて変化するという条件収束の問題がすぐに表れてくるのである．その点，メルテンスはきちんと考察して証明を行っていることは，もちろんのことである．

条件収束級数は『微分積分』の入門課程ではあまり扱われなくなってしまっている．本当は順番を変えると和が違うという面白さが数学の楽しみなのに味わえないのはもったいないことである．簡単な例から練習しておこう．

定理 7.2　$a, b \geqq 1$ を自然数とする．

(1) $\displaystyle \lim_{n\to\infty}\left(\sum_{n=1}^{aN}\frac{1}{2n-1}-\sum_{n=1}^{bN}\frac{1}{2n}\right)=\log 2+\frac{1}{2}\log\left(\frac{a}{b}\right).$

(2) $\displaystyle \lim_{n\to\infty}\left(\sum_{n=1}^{aN}\frac{1}{4n-3}-\sum_{n=1}^{bN}\frac{1}{4n-1}\right)=\frac{\pi}{4}+\frac{1}{4}\log\left(\frac{a}{b}\right).$

［証明］

(1)

$$\begin{aligned}
&\sum_{n=1}^{aN}\frac{1}{2n-1}-\sum_{n=1}^{bN}\frac{1}{2n}\\
&\quad=\int_0^1\{(1+x^2+x^4+\cdots+x^{2aN-2})-(x+x^3+\cdots+x^{2bN-1})\}dx\\
&\quad=\int_0^1\left(\frac{1-x^{2aN}}{1-x^2}-x\frac{1-x^{2bN}}{1-x^2}\right)dx\\
&\quad=\int_0^1\frac{dx}{1+x}+\int_0^1\frac{x^{2bN+1}-x^{2aN}}{1-x^2}dx\\
&\quad=\mathrm{I}+\mathrm{II}_N
\end{aligned}$$

としておくと，第 1 の積分は

$$\mathrm{I} = \int_0^1 \frac{dx}{1+x} = [\log(1+x)]_0^1 = \log 2$$

となり，第 2 の積分は $x = e^{-\frac{t}{N}}$ とおきかえることにより

$$\mathrm{II}_N = \int_0^\infty \frac{e^{-2bt-\frac{t}{N}} - e^{-2at}}{1 - e^{-\frac{2t}{N}}} \cdot \frac{e^{-\frac{t}{N}}}{N} dt$$

より

$$\lim_{N\to\infty} \mathrm{II}_N = \int_0^\infty \frac{e^{-2bt} - e^{-2at}}{2t} dt$$

となる．よって，$\alpha, \beta > 0$ に対して

$$\int_0^\infty \frac{e^{-\alpha t} - e^{-\beta t}}{t} dt = \log\left(\frac{\beta}{\alpha}\right)$$

を示せばよい．

そのために，ガンマ関数の積分表示から得られる

$$\begin{cases} \displaystyle\int_0^\infty e^{-\alpha t} t^{x-1}\, dt = \Gamma(x)\alpha^{-x} \\ \displaystyle\int_0^\infty e^{-\beta t} t^{x-1}\, dt = \Gamma(x)\beta^{-x} \end{cases} \qquad (x > 0)$$

より

$$\begin{aligned} \int_0^\infty \frac{e^{-\alpha t} - e^{-\beta t}}{t} t^x\, dt &= \Gamma(x)(\alpha^{-x} - \beta^{-x}) \\ &= \Gamma(x+1)\frac{\alpha^{-x} - \beta^{-x}}{x} \end{aligned}$$

となるので，$x \to 0$ として

$$\int_0^\infty \frac{e^{-\alpha t} - e^{-\beta t}}{t} dt = \log\left(\frac{\beta}{\alpha}\right)$$

を得る．

(2)

$$\begin{aligned}
&\sum_{n=1}^{aN}\frac{1}{4n-3}-\sum_{n=1}^{bN}\frac{1}{4n-1}\\
&=\int_0^1\{(1+x^4+x^8+\cdots+x^{4aN-4})-(x^2+x^6+\cdots+x^{4bN-2})\}dx\\
&=\int_0^1\left(\frac{1-x^{4aN}}{1-x^4}-x^2\frac{1-x^{4bN}}{1-x^4}\right)dx\\
&=\int_0^1\frac{dx}{1+x^2}+\int_0^1\frac{x^{4bN+2}-x^{4aN}}{1-x^4}dx\\
&=\mathrm{I}+\mathrm{II}_N
\end{aligned}$$

とすると，

$$\mathrm{I}=\int_0^1\frac{dx}{1+x^2}\overset{x=\tan\theta}{=}\int_0^{\frac{\pi}{4}}d\theta=\frac{\pi}{4},$$

II_N にて $x=e^{-\frac{t}{N}}$ とおきかえると

$$\begin{aligned}
\mathrm{II}_N&=\int_0^{\infty}\frac{e^{-4bt-\frac{2t}{N}}-e^{-4at}}{1-e^{-\frac{4t}{N}}}\cdot\frac{e^{-\frac{t}{N}}}{N}dt\\
&\underset{N\to\infty}{\longrightarrow}\int_0^1\frac{e^{-4bt}-e^{-4at}}{4t}dt=\frac{1}{4}\log\left(\frac{a}{b}\right)
\end{aligned}$$

と求まる．　　　　　　　　　　　　　　　　　　　　　　　　　　　［証明終］

ここで，$a=b=1$ なら

$$\begin{aligned}
&1-\frac{1}{2}+\frac{1}{3}-\frac{1}{4}+\frac{1}{5}-\frac{1}{6}+\frac{1}{7}-\cdots=\log 2,\\
&1-\frac{1}{3}+\frac{1}{5}-\frac{1}{7}+\frac{1}{9}-\frac{1}{11}+\cdots\qquad=\frac{\pi}{4}
\end{aligned}$$

となる．後者は，第4章で述べた通り，マーダヴァ（1400年頃）の結果である．これらは“標準的”な値である．

一方，$a=2,\ b=1$ なら

$$\begin{aligned}
&\left(1+\frac{1}{3}\right)-\frac{1}{2}+\left(\frac{1}{5}+\frac{1}{7}\right)-\frac{1}{4}+\cdots\ =\frac{3}{2}\log 2,\\
&\left(1+\frac{1}{5}\right)-\frac{1}{3}+\left(\frac{1}{9}+\frac{1}{13}\right)-\frac{1}{7}+\cdots=\frac{\pi}{4}+\frac{1}{4}\log 2
\end{aligned}$$

となって，“標準的”な値から変化している．

条件収束積は条件収束級数に輪をかけて縁遠いものに思われているのが現状であろう．そこで，素数の問題を含まない形で条件収束積を計算してみよう．

定理 7.3 自然数 $a, b \geqq 1$ に対して

$$\lim_{N \to \infty} \left\{ \prod_{n=1}^{aN} \left(1 - \frac{1}{2n}\right) \times \prod_{n=1}^{bN} \left(1 + \frac{1}{2n-1}\right) \right\} = \sqrt{\frac{b}{a}}.$$

[証明]

自然数 N に対して

$$\begin{aligned}\prod_{n=1}^{N} \left(1 - \frac{1}{2n}\right) &= \prod_{n=1}^{N} \frac{2n-1}{2n} \\ &= \frac{1 \times 3 \times \cdots \times (2N-1)}{2 \times 4 \times \cdots \times (2N)} \\ &= \frac{(2N)!}{2^{2N}(N!)^2}\end{aligned}$$

となる．もちろん，$\frac{(2N-1)!!}{(2N)!!}$ という表示を使ってもよい．

よって，スターリングの公式

$$N! \sim \sqrt{2\pi} N^{N+\frac{1}{2}} e^{-N}$$

（これは，第 6 章で述べた通り，$\zeta'(0) = -\log(\sqrt{2\pi})$ と同値）より

$$\prod_{n=1}^{N} \left(1 - \frac{1}{2n}\right) \sim \frac{1}{\sqrt{\pi N}}$$

となる．

同様にして

$$\prod_{n=1}^{N}\left(1+\frac{1}{2n-1}\right)\sim\sqrt{\pi N}$$

となる．したがって

$$\prod_{n=1}^{aN}\left(1-\frac{1}{2n}\right)\sim\frac{1}{\sqrt{\pi aN}}$$

および

$$\prod_{n=1}^{bN}\left(1+\frac{1}{2n-1}\right)\sim\sqrt{\pi bN}$$

から

$$\lim_{N\to\infty}\left\{\prod_{n=1}^{aN}\left(1-\frac{1}{2n}\right)\times\prod_{n=1}^{bN}\left(1+\frac{1}{2n-1}\right)\right\}=\sqrt{\frac{b}{a}}$$

を得る．　　　　　　　　　　　　　　　　　　　　　　　　　　　　　［証明終］

ここで，拡張されたメルテンス定理である定理7.1の証明の要点を示そう．そのためには，変形されたメルテンス型定理

$$\begin{cases}\displaystyle\prod_{\substack{p\equiv 1 \bmod 4\\ p\leqq x}}\left(1-\frac{1}{p}\right)^{-1}\sim C\sqrt{\log x},\\ \displaystyle\prod_{\substack{q\equiv 3 \bmod 4\\ q\leqq x}}\left(1+\frac{1}{q}\right)^{-1}\sim\frac{\pi}{4C}\cdot\frac{1}{\sqrt{\log x}}\end{cases}$$

を用いる（その証明は略する）．ここで，C は

$$C=e^{\frac{\gamma}{2}}\sqrt{\frac{\pi}{8}}\times\sqrt{\prod_{q\equiv 3 \bmod 4}\left(1-\frac{1}{q^2}\right)}$$

である．すると，

$$\begin{cases} \displaystyle\prod_{\substack{p\equiv 1 \bmod 4 \\ p\leqq x^a}} \left(1-\frac{1}{p}\right)^{-1} \sim C\cdot\sqrt{a}\cdot\sqrt{\log x}, \\ \displaystyle\prod_{\substack{q\equiv 3 \bmod 4 \\ q\leqq x^b}} \left(1+\frac{1}{q}\right)^{-1} \sim \frac{\pi}{4C}\cdot\frac{1}{\sqrt{b}}\cdot\frac{1}{\sqrt{\log x}} \end{cases}$$

となるので

$$\lim_{x\to\infty}\left\{ \prod_{\substack{p\equiv 1 \bmod 4 \\ p\leqq x^a}} \left(1-\frac{1}{p}\right)^{-1} \times \prod_{\substack{q\equiv 3 \bmod 4 \\ q\leqq x^b}} \left(1+\frac{1}{q}\right)^{-1} \right\} = \frac{\pi}{4}\sqrt{\frac{a}{b}}$$

となって，定理 7.1 を得る．

さて，メルテンスの定理はディリクレ L 関数のときは次のようになる（ディリクレ指標については第 5 章を参照）．

定理 7.4　（拡張されたメルテンスの定理）

ディリクレ指標 $\chi \neq \mathbf{1}$ と $\mathrm{Re}(s)=1$ をみたす複素数 s に対して

$$\lim_{x\to\infty}\prod_{p\leqq x}(1-\chi(p)p^{-s})^{-1} = L(s,\chi).$$

ここで，$L(s,\chi)$ は $s\in\mathbb{C}$ に解析接続されたものを指している．とくに

$$\lim_{x\to\infty}\prod_{\substack{p\leqq x \\ p\ \text{は奇素数}}}\left(1-\frac{(-1)^{\frac{p-1}{2}}}{p}\right)^{-1} = \frac{\pi}{4}$$

というメルテンスの原定理（1874 年）を得る．

読者の便利のために，これをさらに一般化した形で紹介しておこう．

定理 7.5　**（一般化されたメルテンスの定理）**

$M=(M_p)_{p:\text{素数}}$，$M_p\in U(n)$（n 次ユニタリ行列）とする．このとき，

$$L(s, M) = \prod_p \det(1 - M_p p^{-s})^{-1}$$

は $\mathrm{Re}(s) > 1$ において絶対収束する．さらに，$L(s, M)$ は $\mathrm{Re}(s) \geqq 1$ における正則関数に解析接続されて，そこにおいて零点をもたないものとする．このとき，$\mathrm{Re}(s) \geqq 1$ に対して

$$\lim_{x \to \infty} \prod_{p \leqq x} \det(1 - M_p p^{-s})^{-1} = L(s, M)$$

が成立する．

この定理において

$$M_p = \chi(p)$$

とすると定理 7.4 が得られる．

［定理 7.5 の証明のスケッチ］

タウベル型定理を必要とするので書いておこう（証明は略する；『解析数論』の本を読まれたい）．

タウベル型定理

$a(m)$ $(m = 1, 2, 3, \ldots)$ は有界な複素数列とし，$\mathrm{Re}(s) > 1$ に対して

$$F(s) = \sum_{m=1}^{\infty} \frac{a(m)}{m^s}$$

とする．$F(s)$ は $\mathrm{Re}(s) \geqq 1$ における正則関数に解析接続できるものとする．このとき

$$\lim_{x \to \infty} \sum_{m \leqq x} \frac{a(m)}{m} = F(1)$$

が成立する．

まず定理 7.5 の $s=1$ の場合を示す．そこで，

$$
\begin{aligned}
F(s) &= \log L(s, M) \\
&= \sum_{p} \sum_{k=1}^{\infty} \frac{\mathrm{tr}(M_p^k)}{k} p^{-ks} \\
&= \sum_{m=1}^{\infty} \frac{a(m)}{m^s}
\end{aligned}
$$

とする．ここで，

$$
a(m) = \begin{cases} \dfrac{\mathrm{tr}(M_p^k)}{k} & \cdots \quad m = p^k \quad (p \text{ は素数，} k \geqq 1) \\ 0 & \cdots \quad \text{その他} \end{cases}
$$

である．すると

$$
|a(m)| \leqq n
$$

であり，$F(s)$ は上記のタウベル型定理の条件をみたす．よって

$$
\begin{aligned}
\Phi(x) &= \sum_{p^k \leqq x} \frac{\mathrm{tr}(M_p^k)}{kp^k} \\
&= \sum_{m \leqq x} \frac{a(m)}{m}
\end{aligned}
$$

とおくと

$$
\begin{aligned}
\lim_{x \to \infty} \Phi(x) &= F(1) \\
&= \log L(1, M)
\end{aligned}
$$

となる．

ところで，

$$
\Psi(x) = \log \left(\prod_{p \leqq x} \det(1 - M_p p^{-1})^{-1} \right)
$$

とおくと

$$\Psi(x) = \sum_{p \leqq x} \sum_{k=1}^{\infty} \frac{\operatorname{tr}(M_p^k)}{kp^k}$$
$$= \sum_{k=1}^{\infty} \frac{1}{k} \sum_{p \leqq x} \frac{\operatorname{tr}(M_p^k)}{p^k}$$

であり，

$$\Phi(x) = \sum_{p^k \leqq x} \frac{\operatorname{tr}(M_p^k)}{kp^k}$$
$$= \sum_{k=1}^{\infty} \frac{1}{k} \sum_{p \leqq x^{\frac{1}{k}}} \frac{\operatorname{tr}(M_p^k)}{p^k}$$

とおくと

$$\Psi(x) - \Phi(x) = \sum_{k=2}^{\infty} \frac{1}{k} \sum_{x^{\frac{1}{k}} < p \leqq x} \frac{\operatorname{tr}(M_p^k)}{p^k}$$

より

$$\lim_{x \to \infty} (\Psi(x) - \Phi(x)) = 0$$

を得る．したがって

$$\lim_{x \to \infty} \Psi(x) = \log L(1, M)$$

となる．つまり，

$$\lim_{x \to \infty} \prod_{p \leqq x} \det(1 - M_p p^{-1})^{-1} = L(1, M)$$

が示された．

次に，$s = 1 + it_0$ ($t_0 \in \mathbb{R} - \{0\}$) の場合を考える．このときは，

$$\Psi_{t_0}(x) = \log\left(\prod_{p \leqq x} \det(1 - M_p p^{-1-it_0})^{-1}\right)$$
$$= \sum_{p \leqq x} \sum_{k=1}^{\infty} \frac{\mathrm{tr}(M_p^k) p^{-ikt_0}}{kp^k},$$

$$\Phi_{t_0}(x) = \sum_{p^k \leqq x} \frac{\mathrm{tr}(M_p^k) p^{-ikt_0}}{kp^k},$$

$$F_{t_0}(s) = \log L(s + it_0, M)$$
$$= \sum_{p,k} \frac{\mathrm{tr}(M_p^k) p^{-ikt_0}}{kp^{ks}}$$
$$= \sum_{m=1}^{\infty} \frac{a_{t_0}(m)}{m^s},$$

$$a_{t_0}(m) = \begin{cases} \dfrac{\mathrm{tr}(M_p^k) p^{-ikt_0}}{k} & \cdots \quad m = p^k \\ 0 & \cdots \quad \text{その他} \end{cases}$$

とおく．すると

$$\Phi_{t_0}(x) = \sum_{m \leqq x} \frac{a_{t_0}(m)}{m}$$

より，タウベル型定理を用いて

$$\lim_{x \to \infty} \Phi_{t_0}(x) = \lim_{x \to \infty} \sum_{m \leqq x} \frac{a_{t_0}(m)}{m}$$
$$= F_{t_0}(1)$$
$$= \log L(1 + it_0, M)$$

となる．さらに，

$$\Psi_{t_0}(x) - \Phi_{t_0}(x) = \sum_{k=2}^{\infty} \frac{1}{k} \sum_{x^{\frac{1}{k}} < p \leqq x} \frac{\mathrm{tr}(M_p^k) p^{-ikt_0}}{p^k}$$

より

$$\lim_{x\to\infty} (\Psi_{t_0}(x) - \Phi_{t_0}(x)) = 0$$

となるので

$$\lim_{x\to\infty} \Psi_{t_0}(x) = \log L(1+it_0, M)$$

となる．したがって，

$$\lim_{x\to\infty} \prod_{p\leqq x} \det(1 - M_p p^{-1-it_0})^{-1} = L(1+it_0, M)$$

となって，定理7.5の証明が完了する．　［証明終］

このように見てくるとメルテンスは1874年にとてもすぐれた研究をしていたのであるが，残念なことに，ここで紹介したことは忘れられている．さらに，いわゆる「メルテンス予想」

$$\left| \sum_{n=1}^{N} \mu(n) \right| \leqq \sqrt{N} \quad (N = 1, 2, 3, \ldots)$$

が間違いであると1985年に判明したこと（オドリッコとテ・リールによる反証；不成立の N が具体的に見つかっているわけではなく，$\zeta(s)$ の虚の零点の大規模計算によって不成立の N の存在を示した）だけが強く記憶に残るようになっている．しかし，この「メルテンス予想」は，基本的に，もともとスティルチェスが1885年頃の「リーマン予想の証明」の方針として出していたもの（「メルテンス予想」$\Longrightarrow$「リーマン予想」は正しい；さらに $\zeta(s)$ はすべて零点の位数は1であることも導くことができる）であり，メルテンスの名前からすると，とんだとばっちりという感じを受ける．スティルチェスの「証明」は，たぶん，失敗だった．

メルテンスが正当に評価されることを期待したい．メルテンスの定理は，第 9 章で述べるように，深リーマン予想への第一歩だったのである．

7.2 フォン・マンゴルト

フォン・マンゴルトは 1895 年に，リーマンの 1859 年の論文を再検討する論文を書いた（*Crelle J.*, **64**（1895), 255–305）．その主定理は，

$$f(x) = \sum_{p^m \leqq x} \frac{1}{m}$$

に対するリーマンの素数公式

$$f(x) = \mathrm{Li}(x) - \sum_{\hat{\zeta}(\rho)=0} \mathrm{Li}(x^\rho) + \int_x^\infty \frac{du}{(u^2-1)u\log u} - \log 2$$

の類似を

$$\psi(x) = \sum_{p^m \leqq x} \log p$$

に対して考えたものである．その結果，簡明な素数公式

$$\psi(x) = x - \sum_{\hat{\zeta}(\rho)=0} \frac{x^\rho}{\rho} - \frac{1}{2}\log\left(1 - \frac{1}{x^2}\right) - \log(2\pi)$$

を得た．リーマンの素数公式においては，対数積分 $\mathrm{Li}(x)$ が現れているが，フォン・マンゴルトの素数公式においては初等的な関数のみが使われているという利点がある．

なお，リーマンの場合には“素数密度”は

$$f'(x) = \frac{1}{\log x} - \frac{1}{\log x} \sum_{\hat{\zeta}(\rho)=0} x^{\rho-1} - \frac{1}{(x^2-1)x\log x}$$

であるが，フォン・マンゴルトの場合の“素数密度”は

$$\psi'(x) = 1 - \sum_{\hat{\zeta}(\rho)=0} x^{\rho-1} - \frac{1}{x(x^2-1)}$$

となっている．この 2 つを比較すると

$$\psi'(x) = f'(x)\log x$$

という簡明な関係にある．しかも，正規化した

$$f_{\mathbb{Z}}(x) = f'(x)x\log x + \frac{x^2}{x^2-1}$$

を考えると

$$f_{\mathbb{Z}}(x) = \psi'(x)x + \frac{x^2}{x^2-1}$$

ともなる．この正規版からは

$$f_{\mathbb{Z}}(x) = x - \sum_{\hat{\zeta}(\rho)=0} x^{\rho} + 1$$

という

$$\begin{cases} H^2 : x = x^1 \\ H^1 : -\displaystyle\sum_{\hat{\zeta}(\rho)=0} x^{\rho} \\ H^0 : 1 = x^0 \end{cases}$$

から成るコホモロジー構造が見えてくる（第 6 章参照）．これは，第 9 章の絶対数学・絶対ゼータ関数・絶対保型形式へと結び付いて行く．

7.3　素数定理

素数定理とは

$$\pi(x) \sim \frac{x}{\log x} \quad (x \to \infty)$$

を指す．証明は1896年にド・ラ・ヴァレ・プーサン（ベルギー）とアダマール（フランス）によって独立に達成された．その鍵は $\hat{\zeta}(s)$ の零点 ρ がすべて $\mathrm{Re}(\rho) < 1$ をみたすことを証明するところにあった．

リーマンは上記の形の素数定理には言及していない．リーマンは $\pi(x)$ の明示公式（リーマンの素数公式）を求め，さらには零点 ρ の実体（実部 $\mathrm{Re}(\rho) = \frac{1}{2}$ のみでなく $\mathrm{Im}(\rho)$ も含めて）を考察しようとしていたに違いない．

なお，素数定理は7.2節の記号では

$$f(x) \sim \frac{x}{\log x} \quad (x \to \infty)$$

や

$$\psi(x) \sim x \quad (x \to \infty)$$

と同値であり，現在ではいろいろな証明の道が知られているが，タウベル型定理（7.1節参照）を用いるのが簡明である．

また，リーマンの研究の直前の1850年頃の時期にチェビシェフにより

$$\begin{cases} \displaystyle\liminf_{x\to\infty} \pi(x) \Big/ \frac{x}{\log x} \leqq 1, \\ \displaystyle\limsup_{x\to\infty} \pi(x) \Big/ \frac{x}{\log x} \geqq 1 \end{cases}$$

という結果が知られていたので，

$$\lim_{x\to\infty} \pi(x) \Big/ \frac{x}{\log x}$$

が存在すること（つまり，$\liminf_{x\to\infty}$ と $\limsup_{x\to\infty}$ が一致すること）さえ証明できれば，素数定理が示されるというところまでは来ていた．あとは，リーマンがやるしかなかった複素関数論が必要だったのである．

さて，$\hat{\zeta}(s)$ の零点 ρ の実部 $\mathrm{Re}(\rho)$ の練習問題としては

(1) $0 \leqq \mathrm{Re}(\rho) \leqq 1$,

(2) $0 < \mathrm{Re}(\rho) < 1$,

(3) $\mathrm{Re}(\rho) = \frac{1}{2}$

の3段階が考えられる．(1) はオイラー積と関数等式から出るので易しい．(3)

はリーマン予想で難しい．(2) は素数定理の実体であり，難し過ぎない．これが実状である．さらに，

$$\Theta = \sup\{\mathrm{Re}(\rho) \mid \hat{\zeta}(\rho) = 0\}$$

とすると，(1) よりわかることはリーマンのときから知られていた

$$\frac{1}{2} \leqq \Theta \leqq 1$$

である．リーマン予想は

$$\Theta = \frac{1}{2}$$

と同値である．(2) を見ると $\frac{1}{2} \leqq \Theta < 1$ がわかると誤解されがちであるが，現在までに証明できていることは，リーマンのときにわかっていた

$$\frac{1}{2} \leqq \Theta \leqq 1$$

のみであって

$$\frac{1}{2} \leqq \Theta < 1$$

は証明できていない．これが，リーマン予想とリーマン以来150年の研究成果という現実との差である．

このことから，「リーマン予想の証明は人類には無理だ」という悲観論が根強くあるのは無理からぬことである．もちろん，「人類にリーマン予想の証明は不可能である」ということが証明されているわけではなく，楽観したいものである．リーマン予想の証明とはそのようなものであると，おおらかに受け止めよう．

第8章
20　世　紀

リーマン予想の研究は20世紀において，2大ゼータ関数族に対するリーマン予想の証明完成という華々しい成果を挙げた．それは，どちらも行列式表示による．本章では，一般的なゼータ関数の行列式表示の解説（8.1節）の後に，合同ゼータ関数（8.2節），セルバーグゼータ関数（8.3節）と見て行く．とくに，セルバーグゼータ関数はリーマンの創始したリーマン面（および，リーマン多様体）のゼータ関数であり，リーマンが知ったらとてもうれしかったはずである．

本書では，とりわけ第8章と第9章では，さまざまなゼータ関数のリーマン予想を考えることになるので，一般のリーマン予想を次の形と解釈することにする：

有理型関数となるゼータ関数 $Z(s)$ がリーマン予想をみたすとは $Z(s)$ の零点・極 s の実部 $\mathrm{Re}(s)$ が $\mathrm{Re}(s) \in \frac{1}{2}\mathbb{Z}$ となること．

このようにリーマン予想をしておくと，たとえば，$\zeta(s)$ の場合でも負の偶数 $-2, -4, -6, -8, \ldots$ という零点も $s=1$ という極も除外しないで良いことになる．

8.1　ゼータ関数の行列式表示

ゼータ関数の行列式表示はゼータ関数研究の王道である．それによって解析接続と関数等式が与えられ，さらには零点と極の固有値解釈によってリーマン予想の証明にも至るという夢のような手法である．20世紀の2大ゼータ関数族である合同ゼータ関数（8.2節）とセルバーグゼータ関数（8.3節）が代表的な例である．

もっと簡単な例は，第I部の第2章（行列の整数ゼータ関数）と第3章（行列の実数ゼータ関数）において見た．これらの場合にも解析接続・関数等式・リーマン予想という三つ組が行列式表示から証明されたのであった．

したがって，これ以上説明する必要はあまりないであろうが，ゼータ関数 $Z(s)$ の行列式表示とは

$$Z(s) = \frac{\det(s - D_-)}{\det(s - D_+)}$$

という形に，作用素（行列；無限次でも良い）D_+, D_- を用いて表示したもののことである．通常，これによって，解析接続・関数等式・リーマン予想が"一挙に"導かれる．

本書では，最後の第9章においても，絶対ゼータ関数に対する行列式表示が登場し，解析接続・関数等式・リーマン予想の解明に活用される．

8.2　合同ゼータ関数

合同ゼータ関数とは有限体 $\mathbb{F}_p$（p は素数としておく）上の代数多様体（スキーム）X のゼータ関数 $\zeta_{X/\mathbb{F}_p}(s)$ のことであり，

$$\zeta_{X/\mathbb{F}_p}(s) = \exp\left(\sum_{m=1}^{\infty} \frac{|X(\mathbb{F}_{p^m})|}{m} p^{-ms}\right)$$

と構成される．絶対収束域は $\mathrm{Re}(s) > \dim(X)$ である．ここで，$\mathbb{F}_{p^m}$ は $\mathbb{F}_p$ の m 次拡大体を指し，$X(\mathbb{F}_{p^m})$ は座標成分が $\mathbb{F}_{p^m}$ に属する X の点（$\mathbb{F}_{p^m}$ 有理点）の集合を意味している．

合同ゼータ関数の研究がはじまったのは，1910年代前半にコルンブルム（1890年8月23日—1914年10月）がゲッチンゲン大学のランダウの下で行った学位論文用の研究であった．コルンブルムは $\mathbb{Z}$ と $\mathbb{F}_p[T]$ の類似に基づき，$\mathbb{Z}$ におけるディリクレの素数定理に対応して $\mathbb{F}_p[T]$ 版を定式化して証明した．

なお，このような類似を見るには，合同ゼータ関数 $\zeta_{X/\mathbb{F}_p}(s)$ のオイラー積表示

$$\zeta_{X/\mathbb{F}_p}(s) = \prod_{x \in |X|} (1 - N(x)^{-s})^{-1}$$

が役立つ．ここで，$|X|$ は X の閉点全体（ザリスキ位相に関して），$N(x)$ は x における剰余体の元の個数である．

コルンブルムは1914年夏に始まった第1次世界大戦に志願兵として参戦し，1914年10月に戦死してしまったため，論文出版を自分で行うことはできなかった．コルンブルムの論文は指導教授のランダウの編集により1919年に出版された：

H. Kornblum "Über die Primfunktionen in einer arithmetischen Progression", *Math. Zeit.*, **5** (1919), 100–111.

この論文は，現在では『ランダウ全集』にも収録されている．

コルンブルムの研究はアルチン，ハッセ，ヴェイユへ広がり，「$\mathbb{F}_p$ 上の直線」（コルンブルムの場合）から，「$\mathbb{F}_p$ 上の代数曲線」（ヴェイユの場合）の合同ゼータ関数が研究され，リーマン予想まで証明されることになった（最終的にはヴェイユが1948年に出版）．

このヴェイユの研究までは1次元であったが，一般次元の場合を解決するために立ち上がったのがグロタンディーク（1928年3月28日—2014年11月13日）であった．グロタンディークは代数幾何学をスキーム論によって革新して合同ゼータ関数のリーマン予想を証明する壮大な計画を1960年の『EGA1』において公表した．それは全13巻（数千ページ）からなる膨大なもので最終巻の『EGA13』において合同ゼータ関数のリーマン予想の証明が完結するというものであった．各巻の内容を表すタイトルは次の通りである：

1. スキームの言語
2. 射の大域研究
3. 連接層のコホモロジー
4. 射の局所研究
5. スキームの基本構成法
6. 降下法：スキームの一般構成技法
7. 群スキーム，主ファイバー空間

8. ファイバー空間の微分研究
9. 基本群
10. 留数と双対性
11. 交点理論，チャーン数，リーマン・ロッホ定理
12. アーベルスキームとピカールスキーム
13. ヴェイユコホモロジー.

あくまでこれは第 1 巻の序文で予告されていた全 13 巻の構成であった．グロタンディークが『EGA（代数幾何学原論)』シリーズを全 13 巻にしたのは，ユークリッド『原論』（BC300 年頃：第 4 章参照）の全 13 巻ということに因んだのだと伝わっている.

残念ながら，『EGA』シリーズは『EGA1』『EGA2』『EGA3』『EGA4』の 4 巻で終わってしまった．ただし，別シリーズ『SGA（代数幾何学セミナー)』が補完して，ある程度までは計画が達成された.

特に，ちょうど半世紀前の『SGA5』（1965 年）において $\zeta_{X/\mathbb{F}_p}(s)$ の行列式表示が証明された：

定理 8.1　（グロタンディーク，1965 年）

X を有限体 $\mathbb{F}_p$ 上の（射影的非特異）スキームとするとき行列式表示

$$\zeta_{X/\mathbb{F}_p}(s) = \prod_{k=0}^{2\dim(X)} \det(1 - p^{-s}\mathrm{Frob}_p | H^k(X))^{(-1)^{k+1}}$$

が成立する．ここで，Frob_p は p 乗フロベニウス作用素,

$$H^k(X) = H^k_{et}(X \otimes_{\mathbb{F}_p} \bar{\mathbb{F}}_p, \mathbb{Q}_l)$$

は l 進エタールコホモロジー（l は素数，$l \neq p$）である.

なお，ここでの有限体 $\mathbb{F}_p$ は一般の有限体 $\mathbb{F}_q$（q は素数べき）にして，q 乗フロベニウス作用素 Frob_q および q^{-s}（p^{-s} の代りに）を用いれば良いが，説明を簡単にするために素数 p にしておく.

エタールコホモロジーは 1964 年の『SGA4』で構築されたものであり，グロ

タンディークの研究の核をなすものである．その後の数論幾何学が進展した大きな要因である．

行列式表示の証明は，跡公式

$$|X(\mathbb{F}_{p^m})| = \sum_{k=0}^{2\dim(X)} (-1)^k \mathrm{tr}(\mathrm{Frob}_p^m | H^k(x))$$

を用いる．この跡公式は

$$|X(\mathbb{F}_{p^m})| = \left|\mathrm{Fix}(\mathrm{Frob}_p^m | X(\bar{\mathbb{F}}_p))\right|$$

を数えているという意味で固定点定理（不動点定理）とも呼ばれる．

すると，行列式表示は，

$$\begin{aligned}
\zeta_{X/\mathbb{F}_p}(s) &= \exp\left(\sum_{m=1}^{\infty} \frac{|X(\mathbb{F}_{p^m})|}{m} p^{-ms}\right) \\
&= \exp\left(\sum_{m=1}^{\infty} \frac{1}{m}\left(\sum_{k=0}^{2\dim(X)} (-1)^k \mathrm{tr}(\mathrm{Frob}_p^m | H^k(X))\right) p^{-ms}\right) \\
&= \exp\left(\sum_{k=0}^{2\dim(X)} (-1)^{k+1} \log\det(1 - p^{-s}\mathrm{Frob}_p | H^k(X))\right) \\
&= \prod_{k=0}^{2\dim(X)} \det(1 - p^{-s}\mathrm{Frob}_p | H^k(X))^{(-1)^{k+1}}
\end{aligned}$$

と示される．ここで，行列

$$A = \mathrm{Frob}_p | H^k(X)$$

に対して

$$\begin{aligned}
\log\det(1 - Au) &= \mathrm{tr}\log(1 - Au) \\
&= -\sum_{m=1}^{\infty} \frac{\mathrm{tr}(A^m)}{m} u^m
\end{aligned}$$

という公式を用いている．これは，第 I 部第 2 章定理 2.1 で使ったものである．

この行列式表示によって，$\zeta_{X/\mathbb{F}_p}(s)$ に関しては，解析接続・関数等式は得られたものの，目標としていたリーマン予想の証明は達成されなかった．なお，解析接続は，$\zeta_{X/\mathbb{F}_p}(s)$ は p^{-s} の有理関数（したがって，s の有理型関数）というものであり，関数等式はポアンカレ双対性を経由して $s \leftrightarrow \dim(X) - s$ という形である．

さて，合同ゼータ関数のリーマン予想を最終的に証明したのはグロタンディークの学生ドリーニュであって1974年のことである：

P. Deligne "La conjecture de Weil I", *Publ. IHES*, **43** (1974), 273–307.

定理 8.2　（ドリーニュ，1974年）

X を $\mathbb{F}_p$ 上の（射影的非特異）スキームとすると $\zeta_{X/\mathbb{F}_p}(s)$ の零点は

$$\mathrm{Re}(s) = \frac{1}{2}, \frac{3}{2}, \ldots, \dim(X) - \frac{1}{2}$$

上にあり，極は

$$\mathrm{Re}(s) = 0, 1, \ldots, \dim(X)$$

上にある．

その証明には合同ゼータ関数の零点・極に対するテンソル積構造を使う：

定理 8.3

$\mathbb{F}_p$ 上の（射影的非特異）スキーム $X_1, \ldots, X_r$ が与えられたとき

$$\zeta_{X_k/\mathbb{F}_p}(s_k) = 0, \infty \quad (k = 1, \ldots, r)$$

ならば

$$\zeta_{X_1 \times \cdots \times X_r/\mathbb{F}_p}(s_1 + \cdots + s_r) = 0, \infty.$$

この構造は第I部第2章および第3章にて解説したゼータ関数のテンソル積構造の合同ゼータ関数版である．

［定理 8.3 の証明］

$$\zeta_{X_k/\mathbb{F}_p}(s_k) = 0, \infty \quad (k = 1, \ldots, r)$$

とすると，合同ゼータ関数の行列式表示より

$$p^{s_k} = \alpha_k \quad (k = 1, \ldots, r)$$

は

$$\mathrm{Frob}_p | H^{i_k}(X_k) \quad (k = 1, \ldots, r)$$

の固有値となる．よって

$$p^{s_1 + \cdots + s_r} = \alpha_1 \cdots \alpha_r$$

は

$$\mathrm{Frob}_p | H^{i_1}(X_1) \otimes \cdots \otimes H^{i_r}(X_r)$$

の固有値であるが，キュネットの公式により

$$H^{i_1}(X_1) \otimes \cdots \otimes H^{i_r}(X_r) \subset H^{i_1 + \cdots + i_r}(X_1 \times \cdots \times X_r)$$

であるから，$p^{s_1 + \cdots + s_r}$ は

$$\mathrm{Frob}_p | H^{i_1 + \cdots + i_r}(X_1 \times \cdots \times X_r)$$

の固有値となり

$$\zeta_{X_1 \times \cdots \times X_r/\mathbb{F}_p}(s_1 + \cdots + s_r) = 0, \infty$$

である．［証明終］

ドリーニュは，次のようにリーマン予想を証明する：

定理 8.4 （ドリーニュ）

X を $\mathbb{F}_p$ 上の（射影的非特異）スキームとし，α を

$$\mathrm{Frob}_p|H^k(X) \quad (k=0,1,\ldots,2\dim(X))$$

の固有値とする．

(1) $p^{\frac{k-1}{2}} \leqq |\alpha| \leqq p^{\frac{k+1}{2}}$.

(2) ［リーマン予想］

$$|\alpha| = p^{\frac{k}{2}}.$$

つまり，リーマン予想（2）より弱い形（1）を一般の X に対して，まず証明しておいてから，（2）を導くという方針である．

なお，（1）の形は，$\hat{\zeta}(s)$ の零点 ρ に対する類似で言うと

$$0 \leqq \mathrm{Re}(\rho) \leqq 1$$

という評価であり，これはオイラー積表示と関数等式から得られるあまり難しくない結果である（7.3節参照）．これに対して，（2）は $\hat{\zeta}(s)$ の零点 ρ に対する類似では

$$\mathrm{Re}(\rho) = \frac{1}{2}$$

というリーマン予想そのものであり難しい．

さて，（1）$\Longrightarrow$（2）を示そう．まず，

$$\mathrm{Frob}_p|H^k(X) \text{ の固有値 } \alpha$$

をとる．そのとき，$m \geqq 1$ に対して α^m は

$$\mathrm{Frob}_p|(H^k(X)^{\otimes m}) \text{ の固有値}$$

となる．さらに，キュネットの公式により

$$H^k(X)^{\otimes m} \subset H^{mk}(X^{\otimes m})$$

である．ここで，

$$X^{\otimes m} = \overbrace{X \underset{\mathbb{F}_p}{\times \cdots \times} X}^{m \text{ 個}}.$$

すると，

$$\mathrm{Frob}_p|H^{mk}(X^{\otimes m}) \text{ の固有値 } \alpha^m$$

に（1）を用いて

$$p^{\frac{mk-1}{2}} \leqq |\alpha^m| \leq p^{\frac{mk+1}{2}}$$

を得る．したがって

$$p^{\frac{k}{2}-\frac{1}{2m}} \leqq |\alpha| \leqq p^{\frac{k}{2}+\frac{1}{2m}} \quad (m = 1, 2, 3, \ldots)$$

となる．ここで，$m \to \infty$ とすれば

$$|\alpha| = p^{\frac{k}{2}}$$

が得られて，リーマン予想の証明が終わる．

ここの話を，もともとの零点・極の話に直すと

$$\zeta_{X/\mathbb{F}_p}(\rho) = 0, \infty$$

をとったときに，行列式表示から

$$p^{\rho} \text{ は } \mathrm{Frob}_p|H^k(X) \text{ の固有値となり，}$$

（1）より

$$\frac{k-1}{2} \leqq \mathrm{Re}(\rho) \leqq \frac{k+1}{2}$$

となっているが，テンソル積構造からの

$$\zeta_{X^{\otimes m}/\mathbb{F}_p}(m\rho) = 0, \infty,$$

つまり，

$$p^{m\rho} \text{ は } \mathrm{Frob}_p | H^{mk}(X^{\otimes m}) \text{ の固有値}$$

から（1）を用いて

$$\frac{mk-1}{2} \leqq \mathrm{Re}(m\rho) \leqq \frac{mk+1}{2} \quad (m = 1, 2, 3, \ldots)$$

から

$$\frac{k}{2} - \frac{1}{2m} \leqq \mathrm{Re}(\rho) \leqq \frac{k}{2} + \frac{1}{2m} \quad (m = 1, 2, 3, \ldots)$$

を出しておいて $m \to \infty$ とすることにより，リーマン予想

$$\mathrm{Re}(\rho) = \frac{k}{2}$$

を得るという筋道になる．テンソル積構造（定理8.3）で見ると

$$X_1 = X_2 = \cdots = X_r,$$

$$s_1 = s_2 = \cdots = s_r$$

という場合に適用しているのである．

ところで，このドリーニュの方針はどこから来たのだろうか？　それは，グロタンディークの元来の方針ではない．グロタンディークは，はじめに標準予想（スタンダード予想）というものを証明することによってリーマン予想を証明する，という方針であった．このグロタンディークの方針は現在でも実現されておらず，標準予想の証明もなされていない．

ドリーニュは，本人が回顧しているのであるが，ラマヌジャン予想への過去のアプローチに学んだのであった．温故知新である．それは，ラマヌジャンが1916年（今からちょうど百年前）に提出した予想であり，第6章で触れた．そこの記号を使うと

$$|\tau(p)| \leqq 2p^{\frac{11}{2}} \quad (p \text{ は素数})$$

というのがラマヌジャン予想である．より一般な形では

$$|\tau(n)| \leqq d(n) n^{\frac{11}{2}} \quad (n \text{ は自然数})$$

となる（$d(n)$ は n の約数の個数）が，自然数 n を素数 p だけに限定したものと同値である．解説は

黒川信重・栗原将人・斎藤毅『数論II』，岩波書店，2005 年

の第 9 章を読まれたい．

ドリーニュは 1960 年代にはラマヌジャン予想が合同ゼータ関数のリーマン予想に帰着することを良く知っていた（1962 年に佐藤幹夫がはじめ 1969 年にドリーニュが完成）．したがって，ラマヌジャン予想も 1974 年にドリーニュによって証明されたことになったのであるが，このラマヌジャン予想の研究こそがドリーニュに合同ゼータ関数のリーマン予想解決のヒントを与えたのである．物事は動機が大事なのである．

さて，ラマヌジャン予想の解決に向けて，ランキン（1939 年）およびセルバーグ（1940 年）はゼータ関数

$$Z_2(s) = \sum_{n=1}^{\infty} \frac{\tau(n)^2}{n^s}$$

の解析性を研究することによって評価式

$$\tau(n) = O(n^{\frac{29}{5}})$$

を示したのである（独立の研究）：

R. A. Rankin "Contributions to the theory of Ramarujan's function $\tau(n)$ and similar arithmetic functions", *Proc. Cambridge Philos. Soc.*, **35** (1939), 357-372,

A. Selberg "Bemerkungen über eine Dirichletsche Reihe, die mit der Theorie der Modulformen nahe verbunden ist", *Arch. Math. Naturvid.*, **43** (1940), 47-50.

この結果，一般の偶数 $m \geqq 2$ に対するゼータ関数

$$Z_m(s) = \sum_{n=1}^{\infty} \frac{\tau(n)^m}{n^s}$$

の研究が行なわれれば $\tau(n)$ の評価はどんどん良くなり，$m \to \infty$ においてラマ

ヌジャン予想に至ることを想定することができた．より精密な分析は1970年にラングランズがラングランズ予想を提出した論文にて与えた：

R. P. Langlands "Problems in the theory of automorphic forms", *Springer Lecture Notes in Math.*, **170** (1970), 18-61.

ドリーニュは，このラングランズの分析が鍵になったと回顧している．

なお，$m \geqq 1$ に対するゼータ関数

$$Z_m(s) = \sum_{n=1}^{\infty} \frac{\tau(n)^m}{n^s}$$

は，$m = 1$,2 に対してはすべての複素数 $s \in \mathbb{C}$ へ有理型関数として解析接続される（$m = 1$ は第6章で述べた1929年のウィルトン，$m = 2$ は上記のランキンとセルバーグ）ものの，$m \geqq 3$ のときは自然境界を持ってしまい（黒川の定理；N. Kurokawa "On the meromorphy of Euler products (I)(II)" *Proc. London Math. Soc.*, **53** (1985), 1-49, 209-236），その研究は $m = 1, 2$ のようには行かないことがわかる：

$m \geqq 3$ のとき，$Z_m(s)$ は $\mathrm{Re}(s) > \frac{11}{2}m$ において有理型であり，$\mathrm{Re}(s) = \frac{11}{2}m$ を自然境界に持つ．

その証明には，佐藤テイト予想の証明（テイラーたち，2011年）が使われる．佐藤テイト予想とは，ラマヌジャン予想から

$$\tau(p) = 2p^{\frac{11}{2}} \cos(\theta_p)$$

となる $0 \leqq \theta_p \leqq \pi$ を決めると，$0 \leqq \alpha < \beta \leqq \pi$ に対して

$$\lim_{x \to \infty} \frac{\left|\{p \leqq x | \alpha \leqq \theta_p \leqq \beta\}\right|}{\pi(x)} = \int_{\alpha}^{\beta} \frac{2}{\pi} \sin^2 \theta d\theta$$

が成り立つ，という1963年に佐藤幹夫が定式化した予想である．テイラーたちの証明で使われたのは，$Z_m(s)$ を改良したゼータ関数

$$L_0(s, \Delta, s_{ym^m}) = \prod_{p:\text{素数}} \left[(1 - e^{im\theta_p} p^{-s})(1 - e^{i(m-2)\theta_p} p^{-s}) \cdots (1 - e^{-im\theta_p} p^{-s})\right]^{-1}$$

であった．

ところで，ラマヌジャン予想とは

$$L_p(s,\Delta) = (1 - \tau(p)p^{-s} + p^{11-2s})^{-1}$$

の極の実部が $\mathrm{Re}(s) = \frac{11}{2}$ となっている，という形になる．とくに，ラマヌジャン予想がわかっていると，

$$\tau(p) = 2p^{\frac{11}{2}} \cos(\theta_p)$$

のときに

$$\begin{aligned} & 1 - \tau(p)p^{-s} + p^{11-2s} = 0 \\ & \quad \Leftrightarrow s = \frac{11}{2} + i\frac{2\pi m \pm \theta_p}{\log p} \quad (m \in \mathbb{Z}) \end{aligned}$$

となっているので，θ_p の分布とは $L_p(s,\Delta)$ の極の虚部

$$\mathrm{Im}(s) = \frac{2\pi m \pm \theta_p}{\log p} \quad (m \in \mathbb{Z})$$

の分布を見ているということになる．これは，ゼータ関数の零点・極の実部を主題とするリーマン予想の後に問題となる零点・極の虚部問題の実例と言うことができる．その意味で，佐藤テイト予想はリーマン予想後を示唆しているのである．

なお，ゼータ関数の零点・極の虚部問題はリーマン予想を深くした深リーマン予想に深く関係している（第 9 章参照）．

佐藤テイト予想研究は，一般にハッセゼータ関数の解析性の問題とも結びついている．ハッセゼータ関数とは $\mathrm{Spec}\,\mathbb{Z}$ 上の有限型スキーム X に対するゼータ関数

$$\zeta_X(s) = \prod_{x \in |X|} (1 - N(x)^{-s})^{-1}$$

であり，合同ゼータ関数のオイラー積の場合と同じく，$|X|$ は X の閉点全体，$N(x)$ は x における剰余体 $\kappa(x)$ の元の個数を表す．これは，絶対収束域 $\mathrm{Re}(s) > \dim(X)$ において，

$$\zeta_X(s) = \prod_{p:\text{素数}} \zeta_{X/\mathbb{F}_p}(s),$$

$$\zeta_{X/\mathbb{F}_p}(s) = \prod_{\substack{x \in |X| \\ \mathrm{ch}(\kappa(x))=p}} (1 - N(x)^{-s})^{-1}$$

と書くことができる．ここで，$\mathrm{ch}(\kappa(x)) = p$ とは剰余体 $\kappa(x)$ の標数が p であること（そのとき $\kappa(x)$ は $\mathbb{F}_p$ の有限次拡大体となる）を意味している．つまり，ハッセゼータ関数とは合同ゼータ関数の素数に関する積ということになる．

たとえば，$X = \mathrm{Spec}\,\mathbb{Z}$ のときは，ハッセゼータ関数は

$$\begin{aligned}\zeta_{\mathrm{Spec}\,\mathbb{Z}}(s) &= \prod_{p:\text{素数}} \zeta_{\mathrm{Spec}\,\mathbb{F}_p}(s) \\ &= \prod_p (1 - p^{-s})^{-1} \\ &= \zeta(s)\end{aligned}$$

というリーマンゼータ関数であり，合同ゼータ関数

$$\zeta_p(s) = (1 - p^{-s})^{-1}$$

の積になっている．

一般に，$\zeta_{X/\mathbb{F}_p}(s)$ の零点・極が p についてどう動くかを調べる際には，佐藤テイト予想と同様にハッセゼータ関数 $\zeta_{X^{\otimes m}}(s)$（$m = 1, 2, 3, \ldots$）の解析性の研究が有効である（ただし，万全というわけではない；佐藤テイト予想の場合は一番簡単な場合なのである）．

さらに，楕円曲線 E のゼータ関数 $L(s, E)$ もハッセゼータ関数の一部であり，その解析性は谷山予想（1955年9月の日光シンポジウムにて谷山豊が提出）と呼ばれ，フェルマー予想の証明（1995年；ワイルズとテイラー）において鍵となった．

このように，ハッセゼータ関数の研究は重要なテーマであるが，次のハッセ予想は（合同ゼータ関数の有限積に帰着する場合を除いては）未解決であり，挑戦

すべき問題である：

ハッセ予想 Spec $\mathbb{Z}$ 上の有限型スキーム X に対するハッセゼータ関数

$$\zeta_X(s) = \prod_{x \in |X|} (1 - N(x)^{-s})^{-1}$$

はすべての複素数 s へ有理型関数として解析接続され，関数等式を持ち，リーマン予想をみたす．

ハッセゼータ関数はアフィンスキーム $X = \operatorname{Spec} A$ のときには環の言葉だけで簡単に書けるので，とくに初学者用に書き直しておこう．これなら，大学2年の『代数学』で環を学習するときの課題問題にも出すことができる（わからない言葉はない）．

ハッセ予想 A を標数0の整域で，$\mathbb{Z}$ 上有限生成とする．このとき，ハッセゼータ関数

$$\zeta_A(s) = \prod_{I \subset A} (1 - N(I)^{-s})^{-1}$$

はすべての複素数 s へ有理型関数として解析接続され，関数等式を持ち，リーマン予想をみたす．ただし，I は A の極大イデアル全体を動き，$N(I) = |A/I|$ は剰余体 A/I の元の個数である．

たとえば，$A = \mathbb{Z}$ のときは

$$\zeta_{\mathbb{Z}}(s) = \prod_{p:\text{素数}} (1 - p^{-s})^{-1} = \zeta(s)$$

である．この，標数0の整域版にすると証明されている A は一例もない．それが現代数学のレベルである．

ハッセゼータ関数の起源について触れておこう．それは，ハッセが1930年代後半にゲッチンゲン大学に来た学生ピエール・アンベール（1913年3月13日に

スイスに生まれ，1941年10月14日に歿）に学位論文のテーマとして「ハッセ予想」（具体的には楕円曲線の $L(s, E)$ の場合）を提案したのがはじまりである．これは難し過ぎた問題であった．ジーゲルの2次形式論の講義に感銘を受けていたアンベールは，そのテーマに関する論文をいくつか書き上げ出版したが，1941年に28歳の若さで亡くなってしまった．［彼は同姓同名のPierre Humbert，1891年6月13日―1953年11月17日と混同されていることが多く，数学論文の最大のデータベースであるMathSciNetでも，2人は同一人として扱われていて，嘆かわしい限りである．生まれた年も20年以上違い，生まれたところもスイスとフランス（パリ）と違う.］

誰が見ても，「数学七大問題」としてはハッセ予想が取り上げられるべきと思うであろうが，「ハッセ予想」も「ラングランズ予想」も難し過ぎるため入っていない．コンテストとはそんなものであるのでしょうがない．問題が忘れ去られないことを願って記しておく．

ラマヌジャン予想に関して付け加えておくと，以上は1変数正則保型形式の場合であり，多変数版（ジーゲル保型形式）では反例がある：

N. Kurokawa “Examples of eigenvalues of Hecke operators on Siegel cusp forms of degree two”, *Inventiones Math.*, **49** (1978), 149–165.

この反例については，ラングランズ・ガロア群を導入したラングランズの“メルヘン論文”に詳しい分析がある：

R. P. Langlands “Automorphic representations, Shimura varieties, and motives. Ein Märchen”, *Proc. Sympos. Pure Math.*, **33** (1979), 205–246.

さらに，マース波動形式など非正則保型形式に対するラマヌジャン予想は，代数幾何的手法が使えず，現代数論の解明すべき重大問題となっている．

8.3　セルバーグゼータ関数

セルバーグゼータ関数はセルバーグ（1917年6月14日―2007年8月6日）が1950年代に研究を開始したゼータ関数である．基本的な場合は，種数 g が2

以上のコンパクトリーマン面 M のセルバーグゼータ関数 $\zeta_M(s)$ であり，オイラー積

$$\zeta_M(s) = \prod_{P \in \mathrm{Prim}(M)} (1 - N(P)^{-s})^{-1}$$

により構成される．ここで，

$$\mathrm{Prim}(M) = \{ P \mid P \text{ は } M \text{ の素な閉測地線} \}$$

であり

$$N(P) = e^{\mathrm{length}(P)}$$

である（$\mathrm{length}(P)$ は P の長さ）．

この作り方は，M の基本群

$$\Gamma = \pi_1(M)$$

を用いて

$$\zeta_M(s) = \prod_{P \in \mathrm{Prim}(\Gamma)} (1 - N(P)^{-s})^{-1}$$

と書いても同じことになる．ここで，

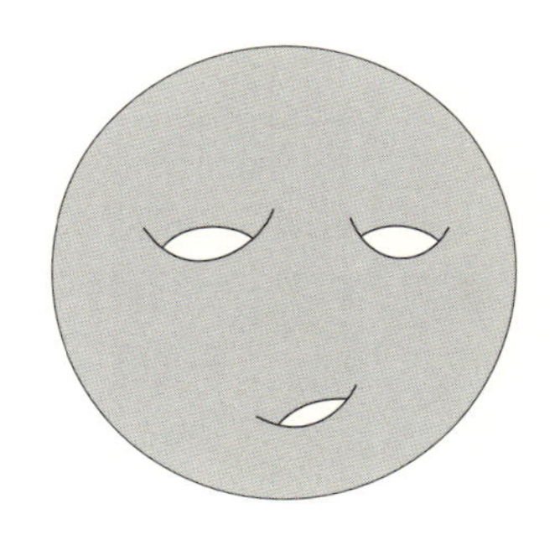

種数 3 のリーマン面

$$\mathrm{Prim}(\Gamma) = \{ [\gamma] \mid \Gamma \text{ の素な（双曲）共役類} \}$$

であり

$$N([\gamma]) = [\gamma \text{ の固有値の 2 乗の大きい方}]$$

である．

実際，M の普遍被覆空間 $\tilde{M}$ は上半空間

$$H = \{ z \in \mathbb{C} \mid \mathrm{Im}(z) > 0 \}$$

となり

$$M = \Gamma \backslash H$$

と書くことによって，閉測地線とホモトピー類の対応関係から

$$\begin{array}{ccccc} \mathrm{Prim}(M) & \overset{1:1}{\longleftrightarrow} & \mathrm{Prim}(\Gamma) & & \\ \Cup & & \Cup & & \\ P & \longleftrightarrow & [P] & = [\gamma] & \end{array}$$

が存在して，ノルムを保つ：$N(P) = N([\gamma])$.

ユニタリ表現

$$\rho : \Gamma \to \mathrm{GL}(V)$$

付のセルバーグゼータ関数（L 関数）

$$\zeta_M(s, \rho) = \prod_{P \in \mathrm{Prim}(M)} \det(1 - \rho([P])N(P)^{-s})^{-1}$$

も全く同様に取り扱うことができる．当分は $\rho = \mathbf{1}_\Gamma$ の場合にしておく．

このとき，$\zeta_M(s)$ は $\mathrm{Re}(s) > 1$ において絶対収束し，すべての複素数 $s \in \mathbb{C}$ へ有理型関数として解析接続され，$s \leftrightarrow -s$ という関数等式を持ち，リーマン予想をみたすことがわかる．結果は，今からちょうど60年前の1956年に発表された：

A. Selberg "Harmonic analysis and discontinuous groups in weakly symmetric Riemannian spaces with applications to Dirichlet series", *J. Indian Math. Soc.*, **20** (1956), 47-87.

詳しく結果を述べるには

$$\begin{aligned} Z_M(s) &= \prod_{P \in \mathrm{Prim}(M)} \prod_{n=0}^{\infty} (1 - N(P)^{-s-n}) \\ &= \prod_{n=0}^{\infty} \zeta_M(s+n)^{-1} \end{aligned}$$

の形のゼータ関数にしておくのが便利である．前の $\zeta_M(s)$ は

$$\zeta_M(s) = \frac{Z_M(s+n)}{Z_M(s)}$$

となっている.

定理 8.5 （セルバーグ）

種数 $g \geqq 2$ のコンパクトリーマン面 M に対して次が成立する.

(1) $Z_M(s)$ は $\mathrm{Re}(s) > 1$ において絶対収束する.

(2) $Z_M(s)$ はすべての複素数 $s \in \mathbb{C}$ に正則関数として解析接続される.

(3) $Z_M(s)$ は関数等式

$$Z_M(1-s) = Z_M(s) \exp\left(4(1-g)\int_0^{s-\frac{1}{2}} \pi t \cdot \tan(\pi t) dt\right)$$

をもつ.

(4) $Z_M(s)$ はリーマン予想をみたす：

$Z_M(s)$ の虚の零点はすべて $\mathrm{Re}(s) = \dfrac{1}{2}$ 上に乗っている.

証明の方針はセルバーグ跡公式

$$\sum_{P \in \mathrm{Prim}(M)} \sum_{m=1}^{\infty} \frac{1}{m} f(P^m) = \sum_{\lambda \in \mathrm{Spect}(\Delta_M)} \hat{f}(\lambda)$$

を用いるのである. ここで, $f(P)$ は適当な関数であり, $\hat{f}(\lambda)$ はフーリエ変換, Δ_M は M のラプラス作用素

$$\Delta_M = -y^2 \left(\frac{\partial^2}{\partial x^2} + \frac{\partial^2}{\partial y^2}\right) \quad (z = x + iy)$$

であり, λ は Δ_M の固有値を動く.

やや形式的に計算すると

$$\begin{aligned}
\log Z_M(s) &= -\sum_P \sum_{n=0}^{\infty} \sum_{m=1}^{\infty} \frac{1}{m} N(P)^{-ms-mn} \\
&= -\sum_P \sum_{m=1}^{\infty} \frac{1}{m} \cdot \frac{N(P)^{-ms}}{1-N(P)^{-m}}
\end{aligned}$$

となるので, セルバーグ跡公式において

$$f(P^m) = -\frac{N(P)^{-ms}}{1 - N(P)^{-m}}$$

とおけば,

$$\log Z_M(s) = \sum_{\lambda \in \mathrm{Spect}(\Delta_M)} \hat{f}(\lambda)$$

より

$$Z_M(s) = \prod_{\lambda \in \mathrm{Spect}(\Delta_M)} \exp(\hat{f}(\lambda))$$

となり，本質的なところを正規化積として見ると

$$Z_M(s) \cong \prod_{\lambda \in \mathrm{Spect}(\Delta_M)} \left(\left(s - \frac{1}{2}\right)^2 + \left(\lambda - \frac{1}{4}\right) \right)$$

となるので，解析接続・関数等式 $(s \leftrightarrow 1 - s)$・リーマン予想（虚の零点はすべて $\mathrm{Re}(s) = \frac{1}{2}$ 上に乗る）が得られることになる．上の表示は

$$Z_M(s) \cong \det \left(\left(s - \frac{1}{2}\right)^2 + \left(\Delta_M - \frac{1}{4}\right) \right)$$

という行列式表示であることに注意されたい．

ちなみに，零点は

$$\left(s - \frac{1}{2}\right)^2 = -\left(\lambda - \frac{1}{4}\right)$$

を解いて

$$s = \frac{1}{2} \pm i\sqrt{\lambda - \frac{1}{4}}$$

となる．これを

$$\zeta_M(s) = \frac{Z_M(s+1)}{Z_M(s)}$$

の虚の零点と極の話に直すと次の通り：

$$\begin{cases} \zeta_M(s) \text{ の虚の零点は } \mathrm{Re}(s) = -\dfrac{1}{2} \text{ 上に乗り,} \\ \zeta_M(s) \text{ の虚の極は } \mathrm{Re}(s) = \dfrac{1}{2} \text{ 上に乗る.} \end{cases}$$

なお，セルバーグが求めた関数等式

$$Z_M(1-s) = Z_M(s)\exp\left(4(1-g)\int_0^{s-\frac{1}{2}} \pi t \cdot \tan(\pi t)dt\right)$$

において，右辺に現れる指数関数の内部が明示的に求められていなかったものの，$\zeta(s)$ に対するオイラーの関数等式

$$\zeta(1-s) = \zeta(s)2(2\pi)^{-s}\Gamma(s)\cos\left(\frac{\pi s}{2}\right)$$

のセルバーグゼータ関数版と見ることができる.

完備リーマンゼータ関数

$$\hat{\zeta}(s) = \pi^{-\frac{s}{2}}\Gamma\left(\frac{s}{2}\right)\zeta(s)$$

に対する完全対称なリーマンの関数等式

$$\hat{\zeta}(1-s) = \hat{\zeta}(s)$$

に対応して，完備セルバーグゼータ関数を

$$\hat{Z}_M(s) = Z_M(s)(\Gamma_2(s)\Gamma_2(s+1))^{2g-2}$$

とおくことによって

$$\hat{Z}_M(1-s) = \hat{Z}_M(s)$$

となる．ただし，$\Gamma_2(s)$ は 2 重ガンマ関数である.

このことは，より一般の局所対称空間（階数 1）

$$M = \Gamma \backslash G / K$$

に対するセルバーグゼータ関数 $Z_M(s)$ に対しても（L-関数 $Z_M(s,\rho), \rho : \Gamma \to \mathrm{GL}(V)$，の場合でも）成立し，完備セルバーグゼータ関数の“ガンマ因子”とし

ては多重ガンマ関数が出てくる（黒川，1991年）．詳しくは

黒川信重『現代三角関数論』岩波書店，2013年

の第7章「セルバーグゼータ関数」定理7.1.2を読まれたい．完備セルバーグゼータ関数の“ガンマ因子”が絶対ゼータ関数になることは本書第Ⅲ部第9章で述べる．

セルバーグ跡公式の一般的定式化について書いておこう．それには，群Gとその部分群Γという群の組に対する跡公式を見るのが便利である．Γの表現ρを付けて(Γ, G, ρ)とするのも見通しがよいが，簡単にするために，ここでは，$\rho = \mathbf{1}_\Gamma$にしておこう．

計算しやすくするために，Gは局所コンパクト群（ユニモジュラー），Γは離散部分群で$\Gamma \backslash G$はコンパクトとしておこう（コンパクトでないときは適宜修整が必要となる）．このとき，右正則表現

$$R : G \to \mathrm{Aut}(L^2(\Gamma \backslash G))$$

が

$$(R(g)\varphi)(x) = \varphi(xg)$$

によって定義される．

さらに，G上の適当な関数$f(x)$――テスト関数と呼ばれコンパクト台をもつものとしておく――に対して$L^2(\Gamma \backslash G)$上の作用素

$$R(f) = \int_G f(y)R(y)dy$$

が構成できる．詳しく書くと

$$(R(f)\varphi)(x) = \int_G (f(y)R(y)\varphi)(x)dy$$

である．

したがって，測度の不変性から

$$\begin{aligned}(R(f)\varphi)(x) &= \int_G f(x^{-1}y)\varphi(y)dy \\ &= \int_{\Gamma \setminus G} K(x,y)\varphi(y)dy\end{aligned}$$

となる．ここで，

$$K(x,y) = \sum_{\gamma \in \Gamma} f(x^{-1}\gamma y)$$

は核関数と呼ばれる．これは $R(f)$ を積分作用素と見たときの積分核である．

よって，自然な状況の下では $R(f)$ の跡（トレース）が存在して，次の通り計算できる：

$$\begin{aligned}\mathrm{tr}R(f) &= \int_{\Gamma \setminus G} K(x,x)dx \\ &= \int_{\Gamma \setminus G} \left(\sum_{\gamma \in \Gamma} f(x^{-1}\gamma x) \right) dx \\ &= \int_{\Gamma \setminus G} \left(\sum_{[\gamma] \in \mathrm{Conj}(\Gamma)} \sum_{\alpha \in \Gamma_\gamma \setminus \Gamma} f(x^{-1}\alpha^{-1}\gamma\alpha x) \right) dx \\ &= \sum_{[\gamma] \in \mathrm{Conj}(\Gamma)} f([\gamma]).\end{aligned}$$

ただし，

$$f([\gamma]) = \int_{\Gamma_\gamma \setminus G} f(x^{-1}\gamma x)dx$$

であり，$\mathrm{Conj}(\Gamma)$ は Γ の共役類全体を表し，

$$\Gamma_\gamma = \{\gamma' \in \Gamma \mid \gamma'\gamma = \gamma\gamma'\} \subset \Gamma$$

は γ の中心化群である．

この積分

$$f([\gamma]) = \int_{\Gamma_\gamma \setminus G} f(x^{-1}\gamma x)dx$$

は軌道積分と呼ばれるが，

$$f([\gamma]) = \int_{G_\gamma \setminus G} \left(\int_{\Gamma_\gamma \setminus G_\gamma} f(x^{-1}y^{-1}\gamma y x)dy \right) dx$$
$$= \mathrm{Vol}(\Gamma_\gamma \setminus G_\gamma) \int_{G_\gamma \setminus G} f(x^{-1}\gamma x)dx$$

と書ける．

一方，表現 R を既約分解すると

$$R = \bigoplus_{\pi \in \hat{G}} m(\pi)\pi$$

となるので

$$\mathrm{tr}\, R(f) = \sum_{\pi \in \hat{G}} m(\pi) \mathrm{tr}\, \pi(f)$$
$$= \sum_{\pi \in \hat{G}} m(\pi) \hat{f}(\pi)$$

となる．ここで，

$$\hat{f}(\pi) = \mathrm{tr}\, \pi(f)$$

がこの場合の“フーリエ変換”であり，$m(\pi)$ は π の R における重複度である．

このようにして，セルバーグ跡公式

$$\sum_{c \in \mathrm{Conj}(\Gamma)} f(c) = \sum_{\pi \in \hat{G}} m(\pi) \hat{f}(\pi)$$

が得られる（G が可換群のときはポアソン和公式と呼ばれる）．この等式は膨大な情報を含んでいて，とくにテスト関数 $f(x)$ を適切にとることによって，左辺がセルバーグゼータ関数の対数（あるいは，それを何回か微分したもの）となり，右辺のスペクトルを用いてセルバーグゼータ関数の行列式表示を得ることができる．この場合に，セルバーグゼータ関数の零点と極はすべて $\hat{G}$ の元として同定される．それが，セルバーグゼータ関数の零点と極の固有値解釈なのである．

したがって，適切に (Γ, G) を選ぶことによって，そのセルバーグゼータ関数を $\zeta(s)$ などの数論的ゼータ関数とすることが重大な問題である．しかも

$$\{\zeta_{(\Gamma,G)}(s,\rho) \mid \rho \in \mathrm{Rep}(\Gamma)\}$$

が希望するゼータ関数の普遍族とするには，Γ を基本的にはラングランズ・ガロア群にせねばならない．(Γ, G) が何も挙がってなければ議論にもならないので，ここでは，身近な

$$(\Gamma, G) = (\mathrm{Aut}_{\mathbb{Z}}(\mathbb{C}), \mathrm{Aut}_{\mathbb{F}_1}(\mathbb{C}))$$

を出しておこう：

$$\Gamma = \mathrm{Aut}_{\mathbb{Z}}(\mathbb{C}) \subset \mathrm{Aut}_{\mathbb{F}_1}(\mathbb{C}) = G.$$

ただし，Γ は $\mathbb{C}$ の $\mathbb{Z}$-代数（環）としての自己同型群であり，G は $\mathbb{C}$ の $\mathbb{F}_1$-代数（乗法モノイド）としての自己同型群である：簡単にわかる通り，

$$G \cong \mathrm{Aut}_{\mathrm{group}}(\mathbb{C}^{\times}).$$

Γ は $\mathbb{Q}$ の絶対ガロア群への全射をもち，$\mathbb{C} \cong \bar{\mathbb{Q}}_p$ より $\mathrm{Frob}_p \in \Gamma$ も自然に含む．

なお，セルバーグゼータ関数は絶対ゼータ関数として考察することも魅力的なことであるので，第 9 章で簡単に再論したい．絶対ゼータ関数論のスローガンは「すべてのゼータ関数を絶対ゼータ関数として $\mathbb{F}_1$ で考えよう」である．

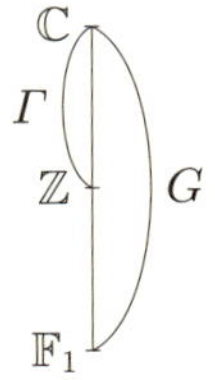

$\mathbb{C}$ — Γ — $\mathbb{Z}$ — G — $\mathbb{F}_1$

セルバーグ跡公式の応用としては，

$$(\Gamma, G) = (\mathrm{SL}_2(\mathbb{Z}), \mathrm{SL}_2(\mathbb{R}))$$

の場合（$\Gamma = \mathrm{SL}_2(\mathbb{Z})$ はモジュラー群）がセルバーグ自身によって詳細に研究されていて，応用として次の 2 つが得られている：

(1)
$$\sum_{\varepsilon(d)^2 \leqq x} h(d) \sim \frac{x}{\log x} \quad (x \to \infty).$$

ここで，判別式 $d > 0$ に対して 2 次形式の類数 $h(d)$ と基本単数 $\varepsilon(d)$ である（実 2 次体 $\mathbb{Q}(\sqrt{d})$ の類数と基本単数と思ってもよい）．

$$(2)\qquad \tau(n) = -\sum_{0\leqq m<2\sqrt{n}}{}' H(4n-m^2)\frac{\eta_m^{11}-\bar{\eta}_m^{11}}{\eta_m-\bar{\eta}_m} - \sum_{\substack{d|n\\ d\leqq\sqrt{n}}}{}' d^{11} + \frac{11}{12}\delta(\sqrt{n})n^5.$$

ここで,

$$\eta_m = \frac{m+i\sqrt{4n-m^2}}{2},$$

$H(d)$ は判別式 $-d$ の2次形式の類数（重み付き),

$$\delta(x) = \begin{cases} 1 & \cdots \quad x \in \mathbb{Z} \\ 0 & \cdots \quad x \notin \mathbb{Z}, \end{cases}$$

Σ' の和は等号のところは $\frac{1}{2}$ 倍にする.

とくに,（2）の結果は, 17歳のときから『ラマヌジャン全集』を終生肌身離さず持ち歩いていたセルバーグにとっては夢の実現であったろう.

さらに, セルバーグは

$$(\Gamma, G) = (\mathrm{SL}_2(\mathcal{O}_F), \mathrm{SL}_2(\mathbb{R}) \times \mathrm{SL}_2(\mathbb{R}))$$

の場合にも挑戦した. ここで, F は実2次体で,

$$\Gamma = \mathrm{SL}_2(\mathcal{O}_F)$$

はヒルベルトモジュラー群である. この, セルバーグが完成できなかった難問は, 60年後の2015年に権によって解決した：

> Y. Gon "Differences of the Selberg trace formula and Selberg type zeta functions for Hilbert modular surfaces", *J. Number Theory*, **147** (2015), 396–453. [Y. Gon "Selberg type zeta function for the Hilbert modular group of a real quadratic field", *Proc. Japan Acad.*, **88A** (2012), 145–148.]

セルバーグゼータ関数にも新しい時代が来ている.

Georg Friedrich Bernhard Riemann

第9章
21 世 紀

21世紀になって，ゼータ関数とリーマン予想の研究は一変した．一つは，一元体$\mathbb{F}_1$を基とする絶対数学・絶対ゼータ関数の研究の進展である．もう一つは，リーマン予想を深くした深リーマン予想の発展である．これは，オイラー積を直接見るというメルテンス（1874年）やバーチ・スウィンナートンダイヤー（1965年）以来の観察であるが，明確になったのはゴールドフェルト（1982年）以後であり，ゼータ関数一般に対して考察されはじめたのは今世紀に入ってからである．リーマン予想がゼータ関数の零点・極の実部のみを見るという段階にとどまっていたのに対して，深リーマン予想はゼータ関数の零点・極の実部だけでなく虚部をも見るという段階に進んだものである．

9.1 絶対数学と絶対ゼータ関数

絶対数学とは一元体$\mathbb{F}_1$上の数学のことであり，絶対ゼータ関数とは絶対数学におけるゼータ関数のことである．

その動機は合同ゼータ関数のリーマン予想の証明成功（第8章）にあった．係数体$\mathbb{F}_p$があったことが重要な点と考えられ，リーマンゼータ関数の場合に対応するものを想定すると$\mathbb{Z}$に入っている$\mathbb{F}_1 = \{1\}$という“一元体”（乗法モノイド）に行きつくのである．ただし，これは最も単純な見方であり，一元体にはさまざまな研究がなされている．

絶対ゼータ関数論がはじまったのは2004年のスーレの論文からである：

C. Soulé “Les variétés sur le corps à un élément”, *Moscow Math. J.*, **4** (2004), 217-244.

［ただし，マニンが解説している通り，1990年頃の黒川テンソル積の研究から絶対ゼータ関数論が始まっていると見ることもできる：Yu. I. Manin “Lectures on zeta functions and motives (according to Deninger and Kurokawa)”, *Astérisque*, **228** (1995), 121-163.］

スーレは $\mathbb{Z}$ 上の代数的集合・スキーム X に対して絶対ゼータ関数 $\zeta_{X/\mathbb{F}_1}(s)$ を

$$\zeta_{X/\mathbb{F}_1}(s) = \lim_{p \to 1} \zeta_{X/\mathbb{F}_p}(s)$$

と考えた．ただし，

$$\zeta_{X/\mathbb{F}_p}(s) = \exp\left(\sum_{m=1}^{\infty} \frac{|X(\mathbb{F}_{p^m})|}{m} p^{-ms} \right)$$

は合同ゼータ関数（第8章）であり，ここでの定式化は

N. Kurokawa “Zeta functions over $\mathbb{F}_1$”, *Proc. Japan Acad.* , **81A** (2005), 180-184

に従っている．

素数 p から $p \to 1$ という極限をとるところには違和感を覚える人もいるだろうが，たくさん実例をやって慣れればよい．たとえば，$X = \mathrm{GL}(1)$ のときは，合同ゼータ関数は

$$\begin{aligned}\zeta_{\mathrm{GL}(1)/\mathbb{F}_p}(s) &= \exp\left(\sum_{m=1}^{\infty} \frac{|\mathrm{GL}(1, \mathbb{F}_{p^m})|}{m} p^{-ms} \right) \\ &= \exp\left(\sum_{m=1}^{\infty} \frac{p^m - 1}{m} p^{-ms} \right) \\ &= \frac{1 - p^{-s}}{1 - p^{1-s}}\end{aligned}$$

であり，絶対ゼータ関数は

$$\begin{aligned}\zeta_{\mathrm{GL}(1)/\mathbb{F}_1}(s) &= \lim_{p \to 1} \frac{1 - p^{-s}}{1 - p^{-(s-1)}} \\ &= \frac{s}{s-1}\end{aligned}$$

となる．したがって，関数等式

$$\zeta_{\mathrm{GL}(1)/\mathbb{F}_1}(1-s)=\zeta_{\mathrm{GL}(1)/\mathbb{F}_1}(s)^{-1}$$

およびリーマン予想（零点・極の実部は $\frac{1}{2}\mathbb{Z}$ に入る）が成立する．

もう一つ例をやってみよう．$X=\mathrm{GL}(2)$ とすると，合同ゼータ関数は

$$\begin{aligned}\zeta_{\mathrm{GL}(2)/\mathbb{F}_p}(s)&=\exp\left(\sum_{m=1}^{\infty}\frac{|\mathrm{GL}(2,\mathbb{F}_{p^m})|}{m}p^{-ms}\right)\\&=\exp\left(\sum_{m=1}^{\infty}\frac{p^{4m}-p^{3m}-p^{2m}+p^m}{m}p^{-ms}\right)\\&=\frac{(1-p^{3-s})(1-p^{2-s})}{(1-p^{4-s})(1-p^{1-s})}\end{aligned}$$

であり，絶対ゼータ関数は

$$\begin{aligned}\zeta_{\mathrm{GL}(2)/\mathbb{F}_1}(s)&=\lim_{p\to1}\frac{(1-p^{-(s-3)})(1-p^{-(s-2)})}{(1-p^{-(s-4)})(1-p^{-(s-1)})}\\&=\frac{(s-3)(s-2)}{(s-4)(s-1)}\end{aligned}$$

となる．したがって，関数等式

$$\zeta_{\mathrm{GL}(2)/\mathbb{F}_1}(5-s)=\zeta_{\mathrm{GL}(2)/\mathbb{F}_1}(s)$$

をみたし，リーマン予想をみたすことがわかる．$\mathrm{GL}(n)$ $(n\geqq3)$ についても同様である．

定理 9.1

$\mathrm{GL}(n)$ の絶対ゼータ関数 $\zeta_{\mathrm{GL}(n)/\mathbb{F}_1}(s)$ に対して次が成り立つ．

(1) $\zeta_{\mathrm{GL}(n)/\mathbb{F}_1}(s)$ は s の有理関数である．

(2) 関数等式

$$\zeta_{\mathrm{GL}(n)/\mathbb{F}_1}\left(\frac{n(3n-1)}{2}-s\right)=\zeta_{\mathrm{GL}(n)/\mathbb{F}_1}(s)^{(-1)^n}$$

をみたす．

(3) $\zeta_{\mathrm{GL}(n)/\mathbb{F}_1}(s)$ はリーマン予想をみたす．

証明には絶対保型形式あるいは負位数多重ガンマ関数を用いるのが便利である：前者については

黒川信重『絶対ゼータ関数論』岩波書店，2016年1月

後者については

黒川信重『現代三角関数論』岩波書店，2013年

を読まれたい．どちらも，より一般の場合に適用できる．

ここでは，直接計算によって証明しておこう．

［証明］

素数べき $q = p^m$ に対して

$$\begin{aligned}|\mathrm{GL}(n, \mathbb{F}_q)| &= (q^n - 1)(q^n - q) \cdots (q^n - q^{n-1}) \\ &= q^{\frac{n(n-1)}{2}}(q - 1)(q^2 - 1) \cdots (q^n - 1) \\ &= q^{\frac{n(n-1)}{2}} \sum_{I \subset \{1,\ldots,n\}} (-1)^{n-|I|} q^{||I||}\end{aligned}$$

と展開できる．ここで，I は $\{1, \ldots, n\}$ の部分集合をすべて動き，$|I|$ は I の元の個数，

$$||I|| = \sum_{i \in I} i$$

である．

すると，合同ゼータ関数は

$$\begin{aligned}\zeta_{\mathrm{GL}(n)/\mathbb{F}_p}(s) &= \exp\left(\sum_{m=1}^{\infty} \frac{1}{m} \left(\sum_{I \subset \{1,\ldots,n\}} (-1)^{n-|I|} p^{m\left(||I|| + \frac{n(n-1)}{2}\right)}\right) p^{-ms}\right) \\ &= \prod_{I \subset \{1,\ldots,n\}} \left(1 - p^{||I|| + \frac{n(n-1)}{2} - s}\right)^{(-1)^{n+1-||I||}}\end{aligned}$$

となる．ここで

$$\sum_{I \subset \{1,\ldots,n\}} (-1)^{|I|} = 0$$

であること（$n \geqq 1$）に注意すると

$$\zeta_{\mathrm{GL}(n)/\mathbb{F}_p}(s) = \prod_{I \subset \{1,\ldots,n\}} \left(\frac{1-(p^{-1})^{s-\frac{n(n-1)}{2}-||I||}}{1-p^{-1}} \right)^{(-1)^{n+1-|I|}}$$

となり，$p \to 1$ とすると

$$\zeta_{\mathrm{GL}(n)/\mathbb{F}_1}(s) = \prod_{I \subset \{1,\ldots,n\}} \left(s - \frac{n(n-1)}{2} - ||I|| \right)^{(-1)^{n+1-|I|}}$$

という表示を得る．これは，s の有理関数であり（1）がわかった．

次に（2）のためには，上の表示の I を補集合 $\{1,\ldots,n\}-I$ でおきかえて

$$\zeta_{\mathrm{GL}(n)/\mathbb{F}_1}(s) = \prod_{I \subset \{1,\ldots,n\}} (s - n^2 + ||I||)^{(-1)^{|I|+1}}$$

にしておく．すると

$$\begin{aligned}\zeta_{\mathrm{GL}(n)/\mathbb{F}_1}\left(\frac{n(3n-1)}{2} - s \right) &= \prod_{I \subset \{1,\ldots,n\}} \left(\left(\frac{n(3n-1)}{2} - s \right) - n^2 + ||I|| \right)^{(-1)^{|I|+1}} \\ &= \prod_{I \subset \{1,\ldots,n\}} \left(- \left(s - \frac{n(n-1)}{2} - ||I|| \right) \right)^{(-1)^{|I|+1}}\end{aligned}$$

において，再び

$$\sum_{I \subset \{1,\ldots,n\}} (-1)^{|I|} = 0$$

を用いると

$$\begin{aligned}\zeta_{\mathrm{GL}(n)/\mathbb{F}_1}\left(\frac{n(3n-1)}{2} - s \right) &= \prod_{I \subset \{1,\ldots,n\}} \left(s - \frac{n(n-1)}{2} - ||I|| \right)^{(-1)^{|I|+1}} \\ &= \zeta_{\mathrm{GL}(n)/\mathbb{F}_1}(s)^{(-1)^n}\end{aligned}$$

と関数等式が求まる．さらに，リーマン予想は零点・極は $\mathbb{Z}$ に入っていることから成立する． ［証明終］

なお，上の証明で求めた合同ゼータ関数

$$\zeta_{\mathrm{GL}(n)/\mathbb{F}_p}(s)=\prod_{I\subset\{1,\ldots,n\}}\left(1-p^{||I||+\frac{n(n-1)}{2}-s}\right)^{(-1)^{n+1-|I|}}$$

の関数等式を計算すると，絶対ゼータ関数の関数等式と類似の

$$\zeta_{\mathrm{GL}(n)/\mathbb{F}_p}\left(\frac{n(3n-1)}{2}-s\right)=p^{-\delta(n)}\zeta_{\mathrm{GL}(n)/\mathbb{F}_p}(s)^{(-1)^n}$$

となる．ここで，

$$\delta(n)=\begin{cases}1 & \cdots \quad n=1\\ 0 & \cdots \quad n\geqq 2.\end{cases}$$

また，

$$\frac{n(3n-1)}{2}=1,5,12,\ldots$$

は五角数である．

したがって，この合同ゼータ関数の関数等式において $p\to 1$ とすれば絶対ゼータ関数の関数等式となる．合同ゼータ関数の関数等式の証明は次の通り：

まず，

$$\begin{aligned}\zeta_{\mathrm{GL}(n)/\mathbb{F}_p}\left(\frac{n(3n-1)}{2}-s\right)&=\prod_{I\subset\{1,\ldots,n\}}(1-p^{||I||-n^2+s})^{(-1)^{n+1-|I|}}\\&=\prod_{I\subset\{1,\ldots,n\}}((-p^{||I||-n^2+s})(1-p^{-||I||+n^2-s}))^{(-1)^{n+1-|I|}}\\&=p^{-\delta(n)}\prod_{I\subset\{1,\ldots,n\}}(1-p^{-||I||+n^2-s})^{(-1)^{n+1-|I|}}\end{aligned}$$

となる．ここで

$$\delta(n)=\begin{cases}1 & \cdots \quad n=1\\ 0 & \cdots \quad n\geqq 2\end{cases}$$

となることにおいては

$$\sum_{I \subset \{1,\ldots,n\}} (-1)^{|I|} ||I|| = \begin{cases} -1 & \cdots \quad n=1 \\ 0 & \cdots \quad n \geqq 2 \end{cases}$$

および

$$\sum_{I \subset \{1,\ldots,n\}} (-1)^{|I|} = 0 \quad (n \geqq 1)$$

を用いている．

さらに，I を補集合 $\{1,\ldots,n\}-I$ でおきかえて

$$\begin{aligned}\zeta_{\mathrm{GL}(n)/\mathbb{F}_p}\left(\frac{n(3n-1)}{2}-s\right) &= p^{-\delta(n)} \prod_{I \subset \{1,\ldots,n\}} (1-p^{||I||+\frac{n(n-1)}{2}-s})^{(-1)^{n+1-|I|}} \\ &= p^{-\delta(n)} \zeta_{\mathrm{GL}(n)/\mathbb{F}_p}(s)^{(-1)^n}\end{aligned}$$

となる．

一般の合同ゼータ関数 $\zeta_{X/\mathbb{F}_p}(s)$ に対しては

$$\zeta_{X/\mathbb{F}_1}(s) = \lim_{p \to 1} \zeta_{X/\mathbb{F}_p}(s)$$

がうまく収束しない場合も多く出てくる．たとえば $X=\mathbb{P}^n$（射影空間）の場合は，合同ゼータ関数は

$$\begin{aligned}\zeta_{\mathbb{P}^n/\mathbb{F}_p}(s) &= \exp\left(\sum_{m=1}^{\infty} \frac{|\mathbb{P}^n(\mathbb{F}_{p^m})|}{m} p^{-ms}\right) \\ &= \exp\left(\sum_{m=1}^{\infty} \frac{p^{mn}+p^{m(n-1)}+\cdots+1}{m} p^{-ms}\right) \\ &= \frac{1}{(1-p^{n-s})(1-p^{n-1-s})\cdots(1-p^{-s})}\end{aligned}$$

と簡単ではあるが，

$$\zeta_{\mathbb{P}^n/\mathbb{F}_1}(s) = \lim_{p \to 1} \zeta_{\mathbb{P}^n/\mathbb{F}_p}(s)$$

は，そのままでは ∞ になってしまう．この点を修正したものは，上に挙げた 2 冊の本および

黒川信重『絶対数学原論』現代数学社，2016年8月

に書かれている通り，次のようにする．

個数関数

$$f_X(x) = |X(\mathbb{F}_x)|$$

を考える．ここで，$\mathbb{F}_x$ は（絶対）x 元体である．（絶対）x 元体の説明は上記の本を参照してもらうこととし，ここでは省くが，$x = q$ が素数べきにおいて

$$f_X(q) = |X(\mathbb{F}_q)| \in \mathbb{Z}[q]$$

となっているときならば，多項式 $f_X(x) \in \mathbb{Z}[x]$ は唯一に定まるので，その場合だけに限定して以下を読まれて充分である（例：$\mathrm{GL}(n)$，$\mathrm{SL}(n)$，$\mathrm{Sp}(n)$，$\mathbb{P}^n$，$\mathbb{A}^n$，グラスマン空間 $\mathrm{Gr}(n, m)$，$\cdots$）．なお，$f_X(1) = |X(\mathbb{F}_1)|$ はオイラー・ポアンカレ標数 $\chi(X)$ となる．

合同ゼータ関数は

$$\zeta_{X/\mathbb{F}_p}(s) = \exp\left(\sum_{m=1}^{\infty} \frac{f_X(p^m)}{m} p^{-ms}\right)$$

である．たとえば

$$f_{\mathrm{GL}(n)}(x) = (x^n - 1)(x^n - x) \cdots (x^n - x^{n-1})$$

であり

$$f_{\mathbb{P}^n}(x) = x^n + x^{n-1} + \cdots + 1$$

である．そこで，2変数のゼータ関数

$$Z_{f_X}(w, s) = \frac{1}{\Gamma(w)} \int_1^{\infty} f_X(x) x^{-s-1} (\log x)^{w-1} dx$$

を作り，w について解析接続をした後で

$$\zeta_{f_X}(s) = \exp\left(\frac{\partial}{\partial w} Z_{f_X}(w, s)\Big|_{w=0} \right)$$

とし，これを $\zeta_{X/\mathbb{F}_1}(s)$ と置くのである．

この構成法は

黒川信重『現代三角関数論』岩波書店，2013 年

および

N. Kurokawa and H. Ochiai "Dualities for absolute zeta functions and multiple gamma functions", *Proc. Japan Acad.*, **89A** (2013), 75–79

による．その前には，コンヌとコンサニの

A. Connes and C. Consani "Schemes over $\mathbb{F}_1$ and zeta functions", *Compositio Math.*, **146** (2010), 1383–1415

および

A. Connes and C. Consani "Characteristic 1, entropy and the absolute point", Proceedings of the JAMI Conference 2009, "Noncommutative Geometry, Arithmetic and Related Topics", *Johns Hopkins Univ. Press* (2011), 75–139

において

$$\zeta_{f_X}(s) = \exp\left(\text{“} \int_1^\infty \frac{f_X(x) x^{-s-1}}{\log x} dx \text{”} \right)$$

という形で提案されたのであるが，“ ”の積分は一般に発散し，適切な正規化がなされていなかった．そこで，いろいろな試みの後に，我々は上記の 2 変数ゼータ関数を用いたゼータ正規化法——それは第 6 章で述べた通りリーマンに起源をもつ——を用いるべきとの結論に至ったのである．

ゼータ正規化について説明しておこう．第 6 章で注意したように，リーマンは

$$\sum_{\hat{\zeta}(\rho)=0} \frac{1}{\rho} = 1 + \frac{1}{2}\gamma - \frac{1}{2}\log\pi - \log 2$$

$$= 0.023095\cdots$$

という素晴らしい結果を得ていたのであるが，それは

$$\prod_{n=1}^{\infty} n = \exp(-\zeta'(0)) \\ = \sqrt{2\pi}$$

というゼータ正規化積の計算内容であった．いま，

$$f_X(x) = \sum_{\lambda} x^{-\lambda}$$

の場合を考えてみると

$$Z_{f_X}(w, s) = \sum_{\lambda} (\lambda + s)^{-w}$$

から

$$\zeta_{f_X}(s) = \left(\prod_{\lambda} (\lambda + s) \right)^{-1}$$

となるのであり，とくに

$$\zeta_{f_X}(0) = \left(\prod_{\lambda} \lambda \right)^{-1}$$

となる．たとえば，$x > 1$ に対して

$$f_X(x) = \sum_{n=1}^{\infty} x^{-n} = \frac{x}{x-1}$$

とすると

$$\zeta_{f_X}(s) = \left(\prod_{n=1}^{\infty} (n + s) \right)^{-1} \\ = \frac{\Gamma(s+1)}{\sqrt{2\pi}},$$

$$\zeta_{f_X}(0) = \left(\prod_{n=1}^{\infty} n\right)^{-1} = \frac{1}{\sqrt{2\pi}}$$

となる．このように，リーマンの方法は（多重）ガンマ関数の構成まで行くのである．

さて，適当な関数 $f(x)$ に対して

$$\zeta_{f/\mathbb{F}_p}(s) = \exp\left(\sum_{m=1}^{\infty} \frac{f(p^m)}{m} p^{-ms}\right)$$

から $p \to 1$ によって

$$\zeta_{f/\mathbb{F}_1}(s) = \exp\left(\text{``}\int_1^{\infty} \frac{f(x)x^{-s-1}}{\log x} dx\text{''}\right)$$

になるだろうことについては，ジャクソン積分（コンヌ・コンサニは使っていない）の見地からわかりやすくなるので解説を付けておこう．

関数

$$f : [1, \infty) \longrightarrow \mathbb{C}$$

に対して，ジャクソン積分は

$$\int_1^{\infty} f(x) d_p x = \sum_{m=1}^{\infty} f(p^m)(p^m - p^{m-1})$$

である．ここで，$p > 1$ とする．このとき，適当な関数 $f(x)$ に対してはジャクソン積分は $p \to 1$ のときにリーマン積分に行くこと，つまり

$$\lim_{p \to 1} \int_1^{\infty} f(x) d_p x = \int_1^{\infty} f(x) dx$$

となることは納得しやすい．

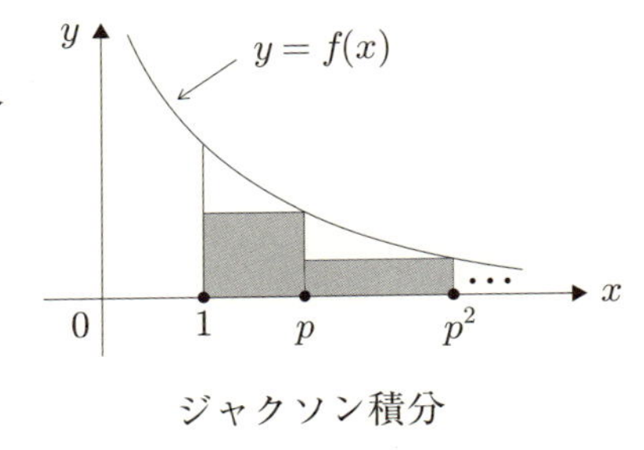

ジャクソン積分

一方，合同ゼータ関数

$$\zeta_{f/\mathbb{F}_p}(s) = \exp\left(\sum_{m=1}^{\infty} \frac{f(p^m)}{m} p^{-ms}\right)$$

を見ると，ジャクソン積分によって

$$\zeta_{f/\mathbb{F}_p}(s) = \exp\left(\frac{\log p}{1-p^{-1}} \int_1^{\infty} \frac{f(x)x^{-s-1}}{\log x} d_p x\right)$$

となることがわかる．実際

$$\begin{aligned}\int_1^{\infty} \frac{f(x)x^{-s-1}}{\log x} d_p x &= \sum_{m=1}^{\infty} \frac{f(p^m)(p^m)^{-s-1}}{\log(p^m)} \cdot (p^m - p^{m-1}) \\ &= \frac{1-p^{-1}}{\log p} \sum_{m=1}^{\infty} \frac{f(p^m)}{m} p^{-ms}\end{aligned}$$

となる．したがって，

$$\lim_{p \to 1} \frac{\log p}{1-p^{-1}} = 1$$

に注意すると

$$\lim_{p \to 1} \zeta_{f/\mathbb{F}_p}(s) = \exp\left(\text{“} \int_1^{\infty} \frac{f(x)x^{-s-1}}{\log x} dx \text{”}\right)$$

となることが推測できる．

さて，以上のことを前提にして，$\mathbb{P}^n$ の場合の絶対ゼータ関数を計算してみよう：

$$f_{\mathbb{P}^n}(x) = \sum_{k=0}^{n} x^k$$

だったから

$$\begin{aligned}
Z_{f_{\mathbb{P}^n}}(w,s) &= \frac{1}{\Gamma(w)}\int_1^\infty f_{\mathbb{P}^n}(x)x^{-s-1}(\log x)^{w-1}dx \\
&= \frac{1}{\Gamma(w)}\int_1^\infty \left(\sum_{k=0}^{n} x^k\right) x^{-s-1}(\log x)^{w-1}dx \\
&= \sum_{k=0}^{n}\frac{1}{\Gamma(w)}\int_1^\infty x^{-(s-k)-1}(\log x)^{w-1}dx \\
&= \sum_{k=0}^{n}(s-k)^{-w}
\end{aligned}$$

となる．ここで，積分

$$\frac{1}{\Gamma(w)}\int_1^\infty x^{-\alpha-1}(\log x)^{w-1}dx = \alpha^{-w}$$

を用いたが，これは $x=e^t$ とおきなおすと，ガンマ関数の積分表示により，

$$\frac{1}{\Gamma(w)}\int_0^\infty e^{-\alpha t}t^{w-1}dt = \alpha^{-w}$$

と求めることができる．

このようにして，

$$\begin{aligned}
\zeta_{f_{\mathbb{P}^n}}(s) &= \exp\left(\frac{\partial}{\partial w}\left(\sum_{k=0}^{n}(s-k)^{-w}\right)\Bigg|_{w=0}\right) \\
&= \prod_{k=0}^{n}(s-k)^{-1}
\end{aligned}$$

となる．これが，絶対ゼータ関数

$$\zeta_{\mathbb{P}^n/\mathbb{F}_1}(s) = \frac{1}{(s-n)(s-(n-1))\cdots s}$$

ということになる．関数等式は $s \longleftrightarrow n-s$ である：

$$\zeta_{\mathbb{P}^n/\mathbb{F}_1}(n-s) = (-1)^{n+1}\zeta_{\mathbb{P}^n/\mathbb{F}_1}(s).$$

ここに符号として表れているのは，オイラー・ポアンカレ標数

$$\chi(\mathbb{P}^n) = n+1 = f_{\mathbb{P}^n}(1)$$

によって

$$(-1)^{\chi(\mathbb{P}^n)} = (-1)^{n+1} = (-1)^{f_{\mathbb{P}^n}(1)}$$

となっている．特に，$n = 0$ のときは $\mathbb{P}^0$ は1点であり，

$$\zeta_{\mathbb{F}_1}(s) = \zeta_{\mathbb{P}^0/\mathbb{F}_1}(s) = \frac{1}{s}$$

と考えることができる．関数等式は $s \longleftrightarrow -s$ である：

$$\zeta_{\mathbb{F}_1}(-s) = -\zeta_{\mathbb{F}_1}(s).$$

ここまでの話から関数

$$f : \mathbb{R}_{>0} \longrightarrow \mathbb{C} \cup \{\infty\}$$

に対して

$$Z_f(w,s) = \frac{1}{\Gamma(w)} \int_1^\infty f(x) x^{-s-1} (\log x)^{w-1} dx,$$
$$\zeta_f(s) = \exp\left(\frac{\partial}{\partial w} Z_f(w,s) \Big|_{w=0} \right)$$

とすると良い絶対ゼータ関数が得られることがわかったが，$f(x)$ が重さ D の絶対保型形式のときは，$\zeta_f(s)$ に対して $s \longleftrightarrow D - s$ という関数等式が期待できることを見るのは難しくない．ただし，絶対保型性（重さ D）とは

$$f\left(\frac{1}{x}\right) = C x^{-D} f(x)$$

という変換公式をみたすことである（$C = \pm 1$）．

たとえば，$f_{\mathrm{GL}(n)}(x)$ は

$$f_{\mathrm{GL}(n)}\left(\frac{1}{x}\right) = (-1)^n x^{-\frac{n(3n-1)}{2}} f_{\mathrm{GL}(n)}(x)$$

から重さ $D = \dfrac{n(3n-1)}{2}$ で $C = (-1)^n$ の絶対保型形式となり，絶対ゼータ関数の関数等式は

$$\zeta_{f_{\mathrm{GL}(n)}}(D - s) = \zeta_{f_{\mathrm{GL}(n)}}(s)^C$$

である．あとのために，

$$f_{\mathrm{GL}(n)}(1) = 0 \quad (n \geqq 1)$$

に注意されたい．また，$f_{\mathbb{P}^n}(x)$ は

$$f_{\mathbb{P}^n}\left(\frac{1}{x}\right) = x^{-n} f_{\mathbb{P}^n}(x)$$

から重さ $D = n$ と $C = 1$ の絶対保型形式であり，絶対ゼータ関数の関数等式は

$$\zeta_{f_{\mathbb{P}^n}}(D - s) = (-1)^{f_{\mathbb{P}^n}(1)} \zeta_{f_{\mathbb{P}^n}}(s)$$

となる．

多項式版としてまとめておこう．

定理 9.2

$f(x) \in \mathbb{Z}[x]$ は絶対保型形式とする：

$$f\left(\frac{1}{x}\right) = Cx^{-D} f(x).$$

このとき，次が成立する．

(1) $\zeta_f(s)$ は s の有理関数である．

(2) $\zeta_f(s)$ は関数等式

$$\zeta_f(D - s) = (-1)^{\chi(f)} \zeta_f(s)^C$$

をみたす．ここで，

$$\chi(f) = f(1)$$

はオイラー・ポアンカレ標数である．

(3) $\zeta_f(s)$ はリーマン予想をみたす．

[証明]

$$f(x) = \sum_k m(k) x^k$$

と展開しておくと，

$$\begin{aligned} Z_f(w,s) &= \frac{1}{\Gamma(w)} \int_1^\infty f(x) x^{-s-1} (\log x)^{w-1} dx \\ &= \sum_k m(k) \frac{1}{\Gamma(w)} \int_1^\infty x^{-(s-k)-1} (\log x)^{w-1} dx \\ &= \sum_k m(k)(s-k)^{-w} \end{aligned}$$

より

$$\zeta_f(s) = \prod_k (s-k)^{-m(k)}$$

となり，これは s の有理関数となる．

次に，

$$\begin{aligned} & x^D f\left(\frac{1}{x}\right) - Cf(x) \\ &\quad = \sum_k m(k) x^{D-k} - \sum_k Cm(k) x^k \\ &\quad = \sum_k m(D-k) x^k - \sum_k Cm(k) x^k \\ &\quad = \sum_k (m(D-k) - Cm(k)) x^k \end{aligned}$$

となるので，絶対保型性より

$$m(D-k) = Cm(k)$$

が成立する．

そこで，$\zeta_f(s)$ の関数等式を見るために，

$$\zeta_f(D-s)^C = \prod_k ((D-s)-k)^{-Cm(k)}$$

において，k を $D-k$ におきかえると

$$\zeta_f(D-s)^C = \prod_k (k-s)^{-Cm(D-k)}$$

となるので

$$m(k) = Cm(D-k)$$

を用いて（$C = \pm 1$ である）

$$\begin{aligned}\zeta_f(D-s)^C &= \prod_k (k-s)^{-m(k)} \\ &= \prod_k (-(s-k))^{-m(k)} \\ &= (-1)^{f(1)} \prod_k (s-k)^{-m(k)} \\ &= (-1)^{\chi(f)} \zeta_f(s)\end{aligned}$$

となり，関数等式が得られた．さらに，$\zeta_f(s)$ の零点・極は $\mathbb{Z}$ に属するのでリーマン予想をみたす．

［証明終］

これまでは，簡単のために，$f(x)$ は多項式にほとんど限定してきたが，そうでないものについても触れておこう．たとえば

$$f(x) = \frac{1}{(1-x^{-\omega_1})\cdots(1-x^{-\omega_r})} \quad (\omega_1, \ldots, \omega_r > 0)$$

のときには

$$f\left(\frac{1}{x}\right) = (-1)^r x^{-(\omega_1+\cdots+\omega_r)} f(x)$$

という絶対保型形式となり，絶対ゼータ関数は

$$\zeta_f(s) = \Gamma_r(s, (\omega_1, \ldots, \omega_r))$$

という多重ガンマ関数である（解説は，上に挙げた本を参照されたい）．

とくに，第 8 章で出てきたセルバーグゼータ関数の "ガンマ因子" は絶対ゼータ関数となる．種数 $g \geqq 2$ のコンパクトリーマン面 M のセルバーグゼータ関数

$Z_M(s)$ のガンマ因子

$$\Gamma_M(s) = (\Gamma_2(s)\Gamma_2(s+1))^{2g-2}$$

の場合なら重さ 1 の絶対保型形式

$$f_M(x) = (2g-2)\frac{x(x+1)}{(x-1)^2}$$

をとればよい．実際，

$$f_M\left(\frac{1}{x}\right) = x^{-1} f_M(x)$$

であり，

$$\Gamma_M(s) = \zeta_{f_M}(s)$$

となる．局所対称空間の場合も同様である．

さらに，第 6 章および第 7 章で言及した

$$f_{\mathbb{Z}}(x) = x - \sum_{\widehat{\zeta}(\rho)=0} x^{\rho} + 1$$

の場合には，重さ 1 の絶対保型形式であり，得られる絶対ゼータ関数は完備リーマンゼータ関数となる：

$$\zeta_{f_{\mathbb{Z}}}(s) \cong \widehat{\zeta}(s).$$

絶対ゼータ関数を豊富に得るには，群準同型

$$\begin{array}{ccc} \mathbb{R}_{>0} & \longrightarrow & G \\ \Psi & & \Psi \\ x & \longmapsto & [x] \end{array}$$

と群 G の表現

$$\rho : G \longrightarrow \mathrm{GL}(V)$$

に対して

$$\zeta_\rho^G(s) = \exp\left(\frac{\partial}{\partial w} Z_\rho^G(w,s)\Big|_{w=0}\right),$$
$$Z_\rho^G(w,s) = \frac{1}{\Gamma(w)}\int_1^\infty \mathrm{tr}(\rho([x]))x^{-s-1}(\log x)^{w-1}dx$$

とすればよい．たとえば，本書の第3章定理3.5では

$$\begin{array}{ccccc} \mathbb{R}_{>0} & \longrightarrow & \mathbb{R} & & \\ \cup\!\!\!\!\!\! \;\; & & \cup\!\!\!\!\!\! \;\; & & \\ x & \longmapsto & [x] & = \log x \end{array}$$

に対応する絶対ゼータ関数 $\zeta_\rho^{\mathbb{R}}(s)$ を考えていた（第2章の $\mathbb{Z}$，第3章の $\mathbb{R}$ の対比をわかりよくするためである）．また，

$$\begin{array}{ccccc} \mathbb{R}_{>0} & \longrightarrow & \mathrm{SU}(2) & & \\ \cup\!\!\!\!\!\! \;\; & & \cup\!\!\!\!\!\! \;\; & & \\ x & \longmapsto & [x] & = \begin{pmatrix} x^{\frac{i}{2}} & 0 \\ 0 & x^{-\frac{i}{2}} \end{pmatrix} \end{array}$$

とすると

$$\zeta_{\mathrm{Sym}^m}^{\mathrm{SU}(2)}(s) = \prod_{k=0}^m \left(s - i\left(\frac{m}{2} - k\right)\right)^{-1}$$

となる．関数等式は

$$\zeta_{\mathrm{Sym}^m}^{\mathrm{SU}(2)}(-s) = (-1)^{m+1}\zeta_{\mathrm{Sym}^m}^{\mathrm{SU}(2)}(s)$$

であり，リーマン予想もみたしている．ここで，$m = 0, 1, 2, \ldots$ に対して

$$\mathrm{Sym}^m : \mathrm{SU}(2) \longrightarrow \mathrm{SU}(m+1)$$

は，m 次の対称テンソル積表現であり

$$\widehat{\mathrm{SU}(2)} = \{\mathrm{Sym}^m \mid m = 0, 1, 2, \ldots\}$$

となっている．

さらに，

$$\begin{array}{ccccc} \mathbb{R}_{>0} & \longrightarrow & \mathrm{SL}_2(\mathbb{R}) & & \\ \cup\!\!\!\!\!\cup & & \cup\!\!\!\!\!\cup & & \\ x & \longmapsto & [x] & = & \begin{pmatrix} x^{\frac{1}{2}} & 0 \\ 0 & x^{-\frac{1}{2}} \end{pmatrix} \end{array}$$

において ρ として主系列表現，$\mathrm{tr}(\rho)$ として "指標" をとると

$$\begin{aligned} \zeta_\rho^{\mathrm{SL}_2(\mathbb{R})}(s) &= \Gamma_1(s+\alpha)\Gamma_1(s+1-\alpha) \\ &= \frac{\Gamma(s+\alpha)\Gamma(s+1-\alpha)}{2\pi} \end{aligned}$$

の形になる（$\alpha \in \mathbb{C}$；黒川『現代三角関数論』定理9.6.3）．

一般に，セルバーグゼータ関数のデータ（Γ, G, ρ）——$\Gamma \subset G, \rho$ は Γ の表現——に対しては，誘導表現の既約分解

$$R = \mathrm{Ind}_\Gamma^G(\rho) = \bigoplus_{\pi \in \widehat{G}} m(\pi)\pi$$

に応じて

$$\begin{aligned} \zeta_{(\Gamma,G)}(s,\rho) &= \zeta_R^G(s) \\ &= \prod_{\pi \in \widehat{G}} \zeta_\pi^G(s)^{m(\pi)} \end{aligned}$$

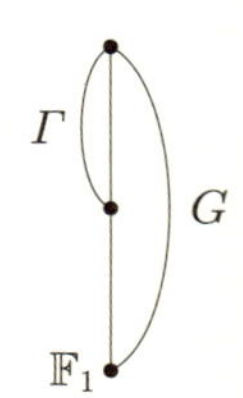

が期待される．ただし

$$\mathbb{R}_{>0} \longrightarrow G$$

は自然な準同型とする（普通は岩澤分解の "A" に対応）．

この，誘導表現を普遍的な全体まで考えるのが絶対ゼータ関数論の基本思想であり，それによって，すべてのゼータ関数を $\mathbb{F}_1$（あるいは，絶対点）上のゼータ関数として考えよう，いうものである．詳しくは次を読まれたい：

黒川信重『ゼータの冒険と進化』現代数学社，2014年

の第11章の絶対誘導表現，

黒川信重『ラマヌジャン：ζの衝撃』現代数学社，2015年

の第13章のハッセゼータ関数と(Γ, G).

これらのことを，多変数版の絶対ゼータ関数$\zeta_f(s_1, \ldots, s_n)$にすることについては

黒川信重『現代三角関数論』岩波書店，2013年

の第9章「絶対ゼータ関数」(§9.3 多変数版)，および

黒川信重『絶対ゼータ関数論』岩波書店，2016年1月

の第10章「多変数絶対ゼータ関数と新谷ゼータ関数」を読まれたい.

さて，セルバーグゼータ関数論（8.3節）および絶対ゼータ関数論（9.1節）を見てきたところで，リーマンの夢であったリーマン予想の証明を提案しておこう.

それは，8.3節の終りに述べておいた

$$(\Gamma, G) = (\mathrm{Aut}_{\mathbb{Z}}(\mathbb{C}), \mathrm{Aut}_{\mathbb{F}_1}(\mathbb{C}))$$

から出発するのである.

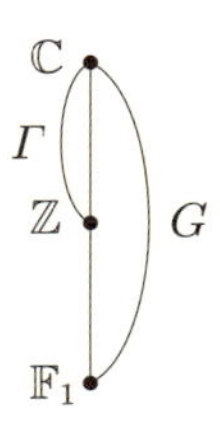

いま，体の同型

$$\mathbb{C} \cong \overline{\mathbb{Q}}_p$$

から

$$\Gamma \supset \mathrm{Aut}_{\mathbb{Q}_p}(\overline{\mathbb{Q}}_p) = \mathrm{Gal}(\overline{\mathbb{Q}}_p/\mathbb{Q}_p) \ni \mathrm{Frob}_p$$

と見て，フロベニウス元$\mathrm{Frob}_p \in \Gamma$を決めておこう.

そのとき，

$$\rho : \Gamma \longrightarrow \mathrm{GL}(V)$$

という有限次元ユニタリ表現に対して，L関数を

$$L(s, \rho) = \prod_{p:\text{素数}} \det(1 - \rho(\mathrm{Frob}_p)p^{-s})^{-1}$$

とおく.

たとえば，数論において最も基本的な問題となっているアルチン L 関数 $L(s,\rho)$ は絶対ガロア群 $\mathrm{Gal}(\overline{\mathbb{Q}}/\mathbb{Q})$ の有限次元表現 ρ に対する L 関数

$$L(s,\rho) = \prod_{p:\text{素数}} \det(1-\rho(\mathrm{Frob}_p)p^{-s})^{-1}$$

であるが，それは，自然な群の拡大

$$\Gamma \twoheadrightarrow \mathrm{Gal}(\overline{\mathbb{Q}}/\mathbb{Q})$$

を経由して，Γ の表現 ρ の L 関数 $L(s,\rho)$ と見ることができる．

次に行うのは，誘導表現

$$R_\rho = \mathrm{Ind}_\Gamma^G(\rho) : G \longrightarrow \mathrm{GL}(W)$$

を作ることである（8.3 節参照）：

$$\begin{aligned} W &= \mathrm{Ind}_\Gamma^G(V) \\ &= \left\{ \varphi : G \longrightarrow V \;\middle|\; \begin{array}{l} \varphi(\gamma x) = \rho(\gamma)\varphi(x) \text{ がすべての} \\ \gamma \in \Gamma \text{ と } x \in G \text{ に対して成立} \end{array} \right\}. \end{aligned}$$

ここで，$g \in G$ は

$$(R_\rho(g)\varphi)(x) = \varphi(xg)$$

と作用する．

さらに，

黒川信重『絶対数学原論』現代数学社，2016 年 8 月

の第 9 章，定理 9.4（『現代数学』の連載では 2015 年 12 月号）において構成された準同型写像

$$\begin{array}{ccc} \mathbb{R} & \longrightarrow & \mathrm{Aut}_{\mathbb{F}_1}(\mathbb{C}) = G \\ \cup\!\!\!\!\text{\tiny{|}} & & \cup\!\!\!\!\text{\tiny{|}} \\ t & \longmapsto & [t] = \sigma_t \end{array}$$

によって

$$D_\rho = \lim_{t \to 0} \frac{R_\rho([t]) - R_\rho([0])}{t} \in \mathrm{End}(W)$$

を作る．

すると，筋書きは次の通り：リーマン作用素 D_ρ は歪エルミート作用素であり，完備ゼータ関数 $\hat{L}(s,\rho)$ は行列式表示

$$\hat{L}(s,\rho) = \frac{\det\left(\left(s-\frac{1}{2}\right)-D_\rho\right)}{(s(s-1))^{\mathrm{mult}(\mathbf{1},\rho)}}$$

をもつ．ここで，$\mathrm{mult}(\mathbf{1},\rho)$ は ρ における自明表現 $\mathbf{1}$ の重複度である．

このことから，リーマン予想，アルチン予想（アルチン L 関数の正則性），ラングランズ予想などが明快に従うことになる．

9.2 深リーマン予想

深リーマン予想とはリーマン予想を深くした予想であり，リーマン予想がゼータ関数の零点・極の実部のみを見ているのに対して，深リーマン予想は零点・極の実部だけでなく虚部も見ていることになる（後に解説する関数体版の証明を見られたい）．とくに，

$$\text{深リーマン予想} \Longrightarrow \text{リーマン予想}$$

が成立する．さらに，計算機にて確認する場合に，深リーマン予想はリーマン予想よりずっと簡単という利点がある．

深リーマン予想の起源はバーチとスウィンナートンダイヤーの共著論文

B. J. Birch and H. P. F. Swinnerton-Dyer “Notes on elliptic curves Ⅱ”, *Crelle J.*, **218** (1965), 79–108

にあった．バーチとスウィンナートンダイヤーは，有理数体 $\mathbb{Q}$ 上の楕円曲線 E に対して

$$\prod_{p \leqq x} \frac{|E(\mathbb{F}_p)|}{p}$$

が $x \to \infty$ に行くときにどのように変化するかを，1958年からケンブリッジ大学の計算機 EDSAC II によって行った多数の計算を基に研究した．その結果次の予想を立てた：

BSD予想　$L(s,E)$ を楕円曲線 E のゼータ関数とし，$r = \mathrm{rank}E(\mathbb{Q})$ をモーデル・ヴェイユ群の階数とする．このとき（A1）（A2）が成り立つだろう．

（A1）$\displaystyle\prod_{p \leqq x} \frac{|E(\mathbb{F}_p)|}{p} \sim C(\log x)^r.\quad (C>0)$

（A2）$\mathrm{ord}_{s=1} L(s,E) = r.$

ここで，BSDとはバーチ・スウィンナートンダイヤーの略である．現在では，このうちの（A2）のみがBSD予想として取り扱われていて（数学七大問題の定式化でも（A2）のみ），（A1）は忘れ去られている．たしかに，（A2）だけにすれば，$r=0,1$ となる楕円曲線（無限にある）に対しては（A2）はみたされていることは現在までに証明されている．そのことを基にして，2014年にフィールズ賞を得たバルガヴァは「正の割合の楕円曲線はBSD予想をみたす」を示した．残念ながら，それらは（A2）のみの話で，（A1）を含めた本来のBSD予想のことではない．実際，（A1）をみたす楕円曲線は1例も知られていない．

その状況はゴールドフェルトが1982年に解明した：

D. Goldfeld "Sur les produits partiels euleriens attache aux courbes elliptiques", *C. R. Acad. Sci. Paris Ser. I Math.*, **294** (1982), 471–474.

定理 9.3　（ゴールドフェルト，1982年）

BSD予想（A1）（A2）について次が成立する．

（1）（A1）から（A2）は導き出される．

（2）（A1）から $L(s,E)$ のリーマン予想は導き出される．

この状況から，（A1）はリーマン予想も通常のBSD予想も含むとても深い予想であることが判明した．残念なことに，（A1）を表現する適切な言葉がなかったため黒川は「深リーマン予想（DRH, Deep Riemann Hypothesis）」という名前を付けたのである：

黒川信重『リーマン予想の探求』技術評論社，2012 年（第 6 章「深リーマン予想」），

黒川信重『リーマン予想の先へ：深リーマン予想』東京図書，2013 年.

たとえば，ディリクレ指標（第 5 章参照）$\chi \neq \mathbf{1}$ に対して

深リーマン予想

$$\lim_{x\to\infty}\prod_{p\leqq x}\left(1-\frac{\chi(p)}{\sqrt{p}}\right)^{-1} = L\left(\frac{1}{2},\chi\right)\times\begin{cases}\sqrt{2} & \cdots \quad \chi^2=\mathbf{1},\\ 1 & \cdots \quad \chi^2\neq\mathbf{1}\end{cases}$$

であり，これが成立すれば $L(s,\chi)$ のリーマン予想が従う．深リーマン予想の右辺を計算することは簡単であり，左辺を計算機で計算するのは現代では難しくないため，深リーマン予想はチェックしやすい．ただし，$\mathrm{Re}(s)>1$ において

$$L(s,\chi)=\prod_{p}\left(1-\frac{\chi(p)}{p^s}\right)^{-1}$$

であり，$L(s,\chi)$ は $s\in\mathbb{C}$ に解析接続（この場合は正則関数）後の関数を指す．第 7 章にて，メルテンス定理の場合に充分に説明した通り，深リーマン予想の場合も，左辺の積は条件収束積なので素数の順序が大切である．

たとえば，mod 4 のディリクレ指標

$$\chi(p)=(-1)^{\frac{p-1}{2}} \quad (p\text{ は奇素数})$$

をとると，

$$L(s,\chi)=\prod_{p}\left(1-\frac{\chi(p)}{p^s}\right)^{-1} \quad (\mathrm{Re}(s)>1)$$

であり，深リーマン予想は

$$\lim_{x\to\infty}\prod_{\substack{p\leqq x\\ p:\text{奇素数}}}\left(1-\frac{(-1)^{\frac{p-1}{2}}}{\sqrt{p}}\right)^{-1}=\sqrt{2}L\left(\frac{1}{2},\chi\right)$$

となるが，両辺とも 0.94 程度になり，充分強いサポートが得られる．これは，現代の計算機でも良く計算できるレベルである．このように，深リーマン予想が確信できるので，$L(s,\chi)$ のリーマン予想も充分に確信できることになる．

この計算機の使い方は，これまでの零点ごとの計算を行うという方法とは全く違い（そのやり方では，きりが無い），$s=\frac{1}{2}$ という関数等式の中心におけるオイラー積の収束を見るだけで良いという優れたものである．リーマンに気に入ってもらえるであろう．

一般の深リーマン予想を定式化しておこう．

深リーマン予想　K を大域体（$\mathbb{Q}$ の有限次拡大体か $\mathbb{F}_p(T)$ の有限次拡大体），$\mathcal{O}_K$ を整数環，

$$\rho:\mathrm{Gal}(\overline{K}/K)\longrightarrow \mathrm{GL}(V)$$

を絶対ガロア群の有限次元表現（ガロア表現），

$$L_K(s,\rho)=\prod_{P\in|\mathrm{Spec}(\mathcal{O}_K)|}\det(1-\rho(\mathrm{Frob}_P)N(P)^{-s})^{-1}$$

をガロア表現のゼータ関数とする．

いま，$L_K(s,\rho)$ の関数等式は $s\longleftrightarrow 1-s$ とし，

$$r=\mathrm{ord}_{s=\frac{1}{2}}L_K(s,\rho)\geqq 0$$

とする．さらに，$\rho\neq\mathbf{1}$ は既約表現と仮定する．

このとき

$$\lim_{x\to\infty} \frac{\displaystyle\prod_{N(P)\leqq x} \det(1-\rho(\mathrm{Frob}_P)N(P)^{-\frac{1}{2}})^{-1}}{(\log x)^{-\gamma}}$$

$$= e^{-r\gamma} \frac{L_K^{(r)}\left(\frac{1}{2},\rho\right)}{r!} (\sqrt{2})^{\varepsilon(\rho)}$$

が成り立つであろう．ここで，γ はオイラー定数，

$$\varepsilon(\rho) = \mathrm{mult}(\mathbf{1}, \mathrm{Sym}^2(\rho)) - \mathrm{mult}(\mathbf{1}, \Lambda^2(\rho))$$

は $\mathrm{Sym}^2(\rho)$ に出てくる $\mathbf{1}$ の重複度と $\Lambda^2(\rho)$ に出てくる $\mathbf{1}$ の重複度の差である．

たとえば，$K=\mathbb{Q}$，$\rho=\chi$ をディリクレ指標とすると $L(s,\chi)$ の場合になる：

$$\varepsilon(\chi) = \begin{cases} 1 & \cdots \quad \chi^2 = \mathbf{1} \\ 0 & \cdots \quad \chi^2 \neq \mathbf{1}. \end{cases}$$

また，バーチ・スウィンナートンダイヤーの予想（A1）は $K=\mathbb{Q}$，ρ は楕円曲線 E に対応する 2 次元ガロア表現で，通常のゼータ関数を

$$L_{\mathbb{Q}}(s,\rho) = L\left(s+\frac{1}{2}, E\right)$$

と $\frac{1}{2}$ ずらしたものとするとき，$L_{\mathbb{Q}}(s,\rho)$ に対する深リーマン予想と同値となる．このときは，$\varepsilon(\rho)=-1$ である．E の導手（conductor）を N とすると

$$\prod_{\substack{p\leqq x \\ p\nmid N}} \frac{|E(\mathbb{F}_p)|}{p} = \prod_{\substack{p\leqq x \\ p\nmid N}} \det(1-\rho(\mathrm{Frob}_p)p^{-\frac{1}{2}})$$

となっているので，BSD 予想の（A1）

$$\prod_{p\leqq x} \frac{|E(\mathbb{F}_p)|}{p} \sim C(\log x)^r$$

は深リーマン予想

$$\prod_{p \leqq x} \det(1-\rho(\mathrm{Frob}_p)p^{-\frac{1}{2}})^{-1} \sim \widetilde{C}(\log x)^{-r}$$

に対応している（逆数の関係）のである．

深リーマン予想は K が $\mathbb{F}_p(T)$ の有限次拡大体の場合は証明できる．詳しくは，

黒川信重『リーマン予想の先へ：深リーマン予想』東京図書，2013年

を読まれたい．

ここでは，リーマン予想が零点の実部を見ているだけなのに対して，深リーマン予想が零点の実部のみではなく虚部も見ているという観点を強調して，深リーマン予想の証明のあらすじを説明する．

〔深リーマン予想の証明スケッチ（K は標数 p)〕

まず，$L_K(s,\rho)$ に対してはリーマン予想は次の形で証明されていることを注意しておこう：

$$L_K(s,\rho) = \prod_{\alpha}(1-\alpha p^{-s}).$$

ここで，α は $|\alpha| = \sqrt{p}$ をみたす有限個の複素数を動く（Frob_p の固有値になる）．これは，

$$\alpha = p^{\frac{1}{2}+i\beta} \quad \left(0 \leqq \beta < \frac{2\pi}{\log p}\right)$$

と書けるということに他ならない．そのとき

$$L_K(s,\rho) = 0 \iff s = \frac{1}{2} + i\left(\beta + \frac{2\pi m}{\log p}\right) \quad (m \in \mathbb{Z})$$

となっている．つまり，零点の実部は $\frac{1}{2}$ で，零点の虚部が

$$\beta + \frac{2\pi m}{\log p} \quad (m \in \mathbb{Z})$$

になるのである．

さて，等式

$$L_K(s,\rho)=\prod_{\alpha}(1-\alpha p^{-s})$$

は

跡公式 $m=1,2,3,\ldots$ に対して

$$\sum_{\deg(P)|m}\deg(P)\mathrm{tr}(\rho(\mathrm{Frob}_P)^{\frac{m}{\deg(P)}})=-\sum_{\alpha}\alpha^m.$$

と同値である．ただし，$N(P)=p^{\deg(P)}$ と書いておく．これは本来は先に証明されるべきことではあるが，$L_K(s,\rho)$ の上記の表示から導けることを確認しよう：$\mathrm{Re}(s)>1$ において

$$\begin{aligned}\log L_K(s,\rho)&=\sum_P\sum_{m=1}^{\infty}\frac{\mathrm{tr}(\rho(\mathrm{Frob}_P)^m)}{m}N(P)^{-ms}\\&=\sum_P\sum_{m=1}^{\infty}\frac{\deg(P)\mathrm{tr}(\rho(\mathrm{Frob}_P)^{\frac{m\deg(P)}{\deg(P)}}}{m\deg(P)}p^{-m\deg(P)s}\end{aligned}$$

となり，$m\deg(P)$ を改めて m とすると P には $\deg(P)|m$ という条件が付くので

$$\log L_K(s,\rho)=\sum_{m=1}^{\infty}\frac{1}{m}\left(\sum_{\deg(P)|m}\deg(P)\mathrm{tr}(\rho(\mathrm{Frob}_P)^{\frac{m}{\deg(P)}})\right)p^{-ms}$$

となる．一方

$$\begin{aligned}\log\left(\prod_{\alpha}(1-\alpha p^{-s})\right)&=-\sum_{\alpha}\sum_{m=1}^{\infty}\frac{\alpha^m}{m}p^{-ms}\\&=\sum_{m=1}^{\infty}\frac{1}{m}\left(-\sum_{\alpha}\alpha^m\right)p^{-ms}\end{aligned}$$

となる．したがって，p^{-ms} の係数を比較して

$$\sum_{\deg(P)|m} \deg(P)\mathrm{tr}(\rho(\mathrm{Frob}_P)^{\frac{m}{\deg(P)}}) = -\sum_{\alpha} \alpha^m$$

を得る．

さて，深リーマン予想を証明するために

$$\begin{aligned}
\log&\left(\prod_{N(P)\leqq x} \det(1-\rho(\mathrm{Frob}_P)N(P)^{-\frac{1}{2}})^{-1}\right)\\
&= \sum_{N(P)\leqq x}\sum_{m=1}^{\infty} \frac{\mathrm{tr}(\rho(\mathrm{Frob}_P)^m)}{m} N(P)^{-\frac{m}{2}}\\
&= \mathrm{I}(x) + \mathrm{II}(x) + \mathrm{III}(x),
\end{aligned}$$

$$\begin{aligned}
\mathrm{I}(x) &= \sum_{N(P)^m\leqq x} \frac{\mathrm{tr}(\rho(\mathrm{Frob}_P)^m)}{m} N(P)^{-\frac{m}{2}},\\
\mathrm{II}(x) &= \frac{1}{2}\sum_{x^{\frac{1}{2}}<N(P)\leqq x} \mathrm{tr}(\rho(\mathrm{Frob}_P)^2)N(P)^{-1},\\
\mathrm{III}(x) &= \sum_{m=3}^{\infty}\frac{1}{m}\sum_{x^{\frac{1}{m}}<N(P)\leqq x} \mathrm{tr}(\rho(\mathrm{Frob}_P)^m)N(P)^{-\frac{m}{2}}
\end{aligned}$$

と分解する（これは，標数0のKに対してもできるし，$\mathrm{II}(x)$，$\mathrm{III}(x)$の処理も標数0でもできる；標数0のときできないのは$\mathrm{I}(x)$の処理である）．

やさしい方から$\mathrm{III}(x)$，$\mathrm{II}(x)$，$\mathrm{I}(x)$の順に扱う．$m \geqq 3$のとき

$$\sum_P N(P)^{-\frac{m}{2}} < \infty$$

であることを用いると

$$\lim_{x\to\infty} \mathrm{III}(x) = 0$$

とわかる．次に，$\mathrm{II}(x)$はメルテンス型定理（第7章参照）を用いると，有限次元ガロア表現Rに対して，

$$\lim_{x\to\infty}\left\{\left(\sum_{N(P)\leqq x}\operatorname{tr}(R(\mathrm{Frob}_P))N(P)^{-1}\right)-\mathrm{mult}(\mathbf{1},R)\log\log x\right\}=C(R)$$

が有限値に収束することがわかる．

とくに，

$$\operatorname{tr}(\rho(\mathrm{Frob}_P)^2)=\operatorname{tr}(\mathrm{Sym}^2(\rho)(\mathrm{Frob}_P))-\operatorname{tr}(\Lambda^2(\rho)(\mathrm{Frob}_P))$$

に注意すると

$$\lim_{x\to\infty}\left\{\left(\sum_{N(P)\leqq x}\operatorname{tr}(\rho(\mathrm{Frob}_P)^2)N(P)^{-1}\right)-\varepsilon(\rho)\log\log x\right\}=C$$

が有限値 C に収束し，同時に

$$\lim_{x\to\infty}\left\{\left(\sum_{N(P)\leqq\sqrt{x}}\operatorname{tr}(\rho(\mathrm{Frob}_P)^2)N(P)^{-1}\right)-\varepsilon(\rho)\log\log\sqrt{x}\right\}=C$$

も同じ値に収束する．よって，差をとると

$$\lim_{x\to\infty}\left\{\left(\sum_{x^{\frac{1}{2}}<N(P)\leqq x}\operatorname{tr}(\rho(\mathrm{Frob}_P)^2)N(P)^{-1}\right)-\varepsilon(\rho)\log 2\right\}=0$$

となる．つまり，

$$\lim_{x\to\infty}\sum_{\sqrt{x}<N(P)\leqq x}\operatorname{tr}(\rho(\mathrm{Frob}_P)^2)N(P)^{-1}=\varepsilon(\rho)\log 2$$

となる．したがって，

$$\lim_{x\to\infty}\mathrm{II}(x)=\frac{1}{2}\varepsilon(\rho)\log 2$$

を得る．

最後に，問題となる $\mathrm{I}(x)$ を $x=p^n(n\to\infty)$ に対して詳しく見ることにする．等式

$$\mathrm{I}\left(p^n\right) = \sum_{m\deg(P) \leqq n} \frac{\mathrm{tr}(\rho(\mathrm{Frob}_P)^m)}{m} p^{-\frac{m\deg(P)}{2}}$$

において，$m\deg(P)$ を m とおきかえると

$$\mathrm{I}\left(p^n\right) = \sum_{m=1}^{n} \frac{1}{m} \left(\sum_{\deg(P)|m} \deg(P)\mathrm{tr}(\rho(\mathrm{Frob}_P)^{\frac{m}{\deg(P)}}) \right) p^{-\frac{m}{2}}$$

となり，跡公式を用いると

$$\begin{aligned} \mathrm{I}\left(p^n\right) &= -\sum_{m=1}^{n} \frac{1}{m} \left(\sum_{\alpha} \alpha^m \right) p^{-\frac{m}{2}} \\ &= -\sum_{\beta} \sum_{m=1}^{n} \frac{(p^{i\beta})^m}{m} \end{aligned}$$

となる．ここで

$$0 \leqq \beta < \frac{2\pi}{\log p}$$

は零点の虚部である：

$$\alpha = p^{\frac{1}{2}+i\beta}.$$

まず，$r=0$ のとき，つまり，すべて

$$0 < \beta < \frac{2\pi}{\log p}$$

のときを扱う．このときは

$$\left\{ \begin{array}{c} L_K\left(\frac{1}{2}, \rho\right) = \prod_{\beta}(1-p^{i\beta}) \neq 0, \\ \left|p^{i\beta}\right| = 1, \\ p^{i\beta} \neq 1 \end{array} \right.$$

に注意する．すると

$$\lim_{n\to\infty} \mathrm{I}\,(p^n) = -\sum_{\beta}\sum_{m=1}^{\infty}\frac{(p^{i\beta})^m}{m}$$
$$= \log\left(\prod_{\beta}(1-p^{i\beta})\right)$$
$$= \log L_K\left(\frac{1}{2},\rho\right)$$

となる．したがって

$$\lim_{x\to\infty} \mathrm{I}\,(x) = \log L_K\left(\frac{1}{2},\rho\right)$$

である．

以上 $\mathrm{I}\ (x)$，$\mathrm{II}\,(x)$，$\mathrm{III}\,(x)$ の極限を合わせて

$$\lim_{x\to\infty}\prod_{N(P)\leqq x}\det(1-\rho(\mathrm{Frob}_P)N(P)^{-\frac{1}{2}})^{-1} = L_K\left(\frac{1}{2},\rho\right)\sqrt{2}^{\varepsilon(\rho)}$$

となる．

次に，$r \geqq 1$ のときは，零点の虚部 β のうち r 個が 0 となっていて，残りは $\beta > 0$ となり，

$$\mathrm{I}\,(p^n) = -r\sum_{m=1}^{n}\frac{1}{m} - \sum_{\beta>0}\sum_{m=1}^{n}\frac{(p^{i\beta})^m}{m}$$

と書ける．ここで

$$\lim_{n\to\infty}\left(\sum_{m=1}^{n}\frac{1}{m} - \log n\right) = \gamma$$

であるので

$$\lim_{n\to\infty}\{\ \mathrm{I}\,(p^n) + r(\log n + \gamma)\} = \log\left(\prod_{\beta>0}(1-p^{i\beta})\right)$$

となる．これは，言い換えると

$$\lim_{x\to\infty}\{\ \mathrm{I}\,(x)+r(\log\log x+\gamma-\log\log p)\}=\log\left(\frac{L_K^{(r)}\left(\frac{1}{2},\rho\right)}{r!(\log p)^r}\right)$$

となる．ただし，

$$\prod_{\beta>0}(1-p^{i\beta})=\frac{L_K^{(r)}\left(\frac{1}{2},\rho\right)}{r!(\log p)^r}$$

を用いた．したがって，

$$\lim_{x\to\infty}(\ \mathrm{I}\,(x)+r\log\log x)=\log\left(\frac{e^{-r\gamma}L_K^{(r)}\left(\frac{1}{2},\rho\right)}{r!}\right)$$

が得られる．よって，$\mathrm{II}\,(x)$，$\mathrm{III}\,(x)$ の極限と合わせて

$$\lim_{x\to\infty}\frac{\prod_{N(P)\leqq x}\det(1-\rho(\mathrm{Frob}_P)N(P)^{-\frac{1}{2}})^{-1}}{(\log x)^{-r}}=e^{-r\gamma}\frac{L_K^{(r)}\left(\frac{1}{2},\rho\right)}{r!}\sqrt{2}^{\varepsilon(\rho)}$$

となって，深リーマン予想が証明された．　　　　　　　　　　　　［証明終］

この証明で深リーマン予想がどのようにゼータ関数の零点の虚部に依存しているかを味わって欲しい．標数0の場合は状況はより密接に零点の虚部にかかわっていて，今のところ証明できない．

ゼータ関数の零点・極の実部だけでなく虚部も見ることが重要であるという150年前のリーマンの認識に，現代数学はようやく追いついたようである．

あとがき

リーマンと数論の関わりを見てきますと，数学の大いなる流れというものが，リーマンを通して体現されているという思いが強く致します．本書によって，この感じが幾分なりとも読者に伝わっていれば幸いです．

リーマンと数論という観点からは1859年11月の短い論文が一編のみ，というのが実状です．リーマンは，その手書き6ページの論文を書くにあたって大量の計算を行いました．論文に報告されているものだけでも，ゼータ関数の二種類の解析接続法や素数公式など画期的なものなのですが，それでも，リーマンの研究のごく一部のみの報告と言えます．そのことがわかるのは，計算メモがリーマンの居たゲッチンゲン大学に保管されていたからです．ゲッチンゲン大学教授のジーゲルがリーマンの計算メモを解読しました．それは，リーマンの歿後66年となる1932年のことでありました．

驚くことには，そこには，リーマンゼータ関数の第三の解析接続法が記されていました．現在，計算機によるゼータ関数の零点計算に「リーマン・ジーゲル公式」と呼ばれて活用されているものです．リーマン自身，いくつかの虚の零点を正確に計算して，実部が $\frac{1}{2}$ となるというリーマン予想を確認していたこともわかりました．リーマンは30代で亡くなってしまいましたが，リーマンが長生きしていれば，彼の考えていた空間・多様体のゼータ関数の研究にも進んだことでしょう．もしかすると，その先に，「リーマンゼータ関数」を「リーマン空間」のゼータ関数として捉えて，「リーマン作用素」による行列式表示から「本質的零点」に「固有値解釈」を与え，その結果，本来のリーマン予想の証明を完成する，ということも夢ではなかったと思います．本書の証明をもとに，あり得たかも知れないもう一つの宇宙の歴史も想像して楽しんでください．

この企画は，リーマン歿後150年となる2016年の記念行事として共立出版から提案されたものです．これは，共立出版が2016年に創立90周年を迎えるという記念にもなっています．編集担当の大越隆道さんと三浦拓馬さんには大変お世話になりました．深く感謝申し上げます．

本書の内容は，数回にわたる講義から成っています．とくに，2016 年 4 月〜7 月の東京工業大学理学院における講義ノートを作成くださった近藤よしのさんに感謝致します．

最後に，いつもの通り資料と計算の山を作って迷惑をかけている家族，栄子・陽子・素明に感謝します．

2016 年 11 月 22 日　黒川信重

索　引

■ 英数字

■ ア行

■ カ行

■ サ行

■ タ行

■ ハ行

■ マ行

■ ヤ行

■ ラ行

■ ワ行

Memorandum

Memorandum

Memorandum

Memorandum

〈著者紹介〉

黒川信重（くろかわ のぶしげ）

略歴　1952年，栃木県生まれ．
1975年，東京工業大学理学部数学科卒業．
東京工業大学助教授，東京大学助教授を経て，
1994年より東京工業大学教授，現在に至る．
理学博士，専門は数論・ゼータ関数論・絶対数学．
著書（単著）に『リーマン予想の150年』『絶対ゼータ関数論』『オイラー，リーマン，ラマヌジャン』『現代三角関数論』（以上，岩波書店），『絶対数学原論』『ゼータの冒険と進化』『ラマヌジャン：ζ の衝撃』（以上，現代数学社），『リーマン予想の探求』『リーマン予想を解こう』（以上，技術評論社），『リーマン予想の先へ：深リーマン予想』（東京図書），『ガロア理論と表現論：ゼータ関数への出発』（日本評論社）など多数．

リーマンの生きる数学 1
リーマンと数論
(*Riemann and Number Theory*)

2016年12月15日　初版1刷発行

著　者　黒川信重　© 2016
発行者　南條光章
発行所　**共立出版株式会社**
〒112-0006
東京都文京区小日向 4-6-19
電話番号　03-3947-2511（代表）
振替口座　00110-2-57035

共立出版（株）ホームページ
http://www.kyoritsu-pub.co.jp/

印　刷　大日本法令印刷
製　本　ブロケード

検印廃止
NDC 412.3, 413.5

ISBN 978-4-320-11234-6

一般社団法人
自然科学書協会
会員

Printed in Japan